039gp Abb.: gp

Reise Know-How im Internet

Aktuelle Reisetipps und Neuigkeiten
Ergänzungen nach Redaktionsschluss
Büchershop und Sonderangebote

www.reise-know-how.de
info@reise-know-how.de

Wir freuen uns über Anregung und Kritik.

Rainer Höh

GPS Outdoor-Navigation

„Um zu wissen, wie man ans Ziel kommt,
muss man zuerst wissen, wo man steht."
Redensart

Impressum

Rainer Höh
GPS Outdoor-Navigation
erschienen im
Reise Know-How Verlag, Bielefeld
Osnabrücker Straße 79, 33649 Bielefeld

5., aktualisierte und erweiterte Auflage 2007

Gestaltung
Umschlag: G. Pawlak, P. Rump (Layout), K. Werner (Realisierung)
Inhalt: G. Pawlak (Layout), K. Werner (Realisierung)
Fotos: siehe Bildnachweis S. 284

Druck und Bindung
J. P. Himmer GmbH & Co. KG, Augsburg

ISBN 978-3-8317-1598-5
Printed in Germany

Dieses Buch ist erhältlich in jeder Buchhandlung Deutschlands, Österreichs, der Schweiz, Belgiens und der Niederlande. Bitte informieren Sie Ihren Buchhändler über folgende Bezugsadressen:

Deutschland
Prolit GmbH, Postfach 9, D-35461 Fernwald (Annerod)
sowie alle Barsortimente
Schweiz
AVA-buch 2000, Postfach 27, CH-8910 Affoltern
Österreich
Mohr Morawa Buchvertrieb GmbH
Sulzengasse 2, A-1230 Wien
Niederlande, Belgien
Willems Adventure
Postbus 403, NL-3140 AK Maassluis

Wer im Buchhandel trotzdem kein Glück hat, bekommt unsere Bücher auch in unserem **Büchershop im Internet: www.reise-know-how.de**

Wir freuen uns über Kritik, Kommentare und Verbesserungsvorschläge.

Alle Informationen in diesem Buch sind vom Autor mit größter Sorgfalt gesammelt und vom Lektorat des Verlages gewissenhaft bearbeitet und überprüft worden.

Da inhaltliche und sachliche Fehler nicht ausgeschlossen werden können, erklärt der Verlag, dass alle Angaben im Sinne der Produkthaftung ohne Garantie erfolgen und dass Verlag wie Autor keinerlei Verantwortung und Haftung für inhaltliche und sachliche Fehler übernehmen.

Die Nennung von Firmen und ihren Produkten und ihre Reihenfolge sind als Beispiel ohne Wertung gegenüber anderen anzusehen. Qualitäts- und Quantitätsangaben sind rein subjektive Einschätzungen des Autors und dienen keinesfalls der Bewertung von Firmen oder Produkten.

Rainer Höh

GPS Outdoor-Navigation

Inhalt

Vorwort

Das vorliegende Buch war bei seinem Erscheinen 2000 auf dem deutschen Markt das erste und einzige Buch zum Thema „GPS Outdoor-Navigation". Es ist für Anwender geschrieben, die nie zuvor ein GPS-Gerät in der Hand hielten, bietet sicher aber auch eine Fülle nützlicher Tipps und Infos für jene, die bereits über GPS-Erfahrung verfügen. Vorkenntnisse im Umgang mit GPS sind nicht erforderlich – wohl aber Grundkenntnisse im Umgang mit Karte und Kompass. Diese Fertigkeiten sind auch für GPS-Anwender eine absolute Notwendigkeit und müssen daher auch im vorliegenden Buch vorausgesetzt werden.

Viele meinen, GPS sei nur etwas für Polwanderer und Wüstenfahrer. Mitnichten! Handliche und leistungsfähige GPS-Geräte in der Größe eines Handys sind heute schon ab etwa 110–150 Euro zu bekommen und einfach zu bedienen. Die neuen GPS-Geräte sind durchaus nicht nur für Fachleute und Extremtouren gedacht. Auch auf normalen Wanderungen, Skitouren, Kanutouren und selbst auf Spaziergängen oder beim Stadtbummel können sie sehr hilfreich sein.

Seit im Jahr 2000 die Verfälschung der GPS-Signale für zivile Nutzer abgeschaltet wurde, sind die Positions- und Kursangaben zudem enorm präzise (Fehler maximal im Bereich 10–30 m!). Und das Schöne daran: Die Nutzung des Systems kostet keinerlei Gebühren!

Der enorme Vorteil des GPS besteht darin, dass es Standort- und Kursbestimmungen völlig unabhängig von Orientierungspunkten, Sicht, Lichtverhältnissen und Magnetfeldern ermöglicht. Selbst bei Nacht, in dichtem Nebel, im Schneesturm, in völlig gleichförmigen Landschaften und in Gegenden mit starken Kompassstörungen können Sie unter freiem Himmel jederzeit per Knopfdruck feststellen, wo Sie sich befinden und in welcher Richtung und wie weit entfernt Ihr Ziel liegt.

Wer nicht über die Grundkenntnisse der Kompassorientierung verfügt, dem seien die in der gleichen Reihe erschienenen Titel „Richtig Kartenlesen" von Wolfram Schwieder und „Orientierung mit Kompass und GPS" von Rainer Höh empfohlen (s. Anhang).

Ergänzt wird die Entwicklung der Geräte durch ein rasant wachsendes Angebot an Software, die Routenplanung, Navigation und Tourenarchivierung immer komfortabler und effizienter macht. Als das Buch vor wenigen Jahren erschien, waren eben die ersten digitalen Landkarten auf dem Markt. Heute gibt es bereits ein großes Angebot solcher Karten, die nicht nur die Routenplanung am Computer erleichtern, sondern teilweise schon auf dem Display des GPS-Geräts darstellbar und für die Navigation unterwegs nutzbar sind. Es reicht, das Gerät einzuschalten, dann zeigt es automatisch eine auf die aktuelle Position zentrierte Landkarte, auf welcher der Standort markiert ist. Und diese Karte sowie die Markierung verschieben sich genau so, wie man sich durch die Landschaft bewegt. Eine wahrhaft revolutionäre Neuerung. Und während zunächst nur Straßenkarten für die Fahrzeug-Navigation angeboten wurden, gibt es seit kurzem bereits digitale Topos, die auf GPS-Geräte aufgespielt und für die Navigation bei Wanderungen und anderen Touren genutzt werden können.

Topo
Abk. für topografische Karte

Grundlage und Rückversicherung jeder Outdoor-Orientierung bleiben jedoch nach wie vor die traditionellen Hilfsmittel Karte, Kompass und Höhenmesser sowie der gesunde Menschenverstand. Wenn das GPS-Gerät Sie an den Rand eines Abgrunds führen und partout darauf beharren sollte, in dieser Richtung weiterzugehen, dann kann ich Ihnen nur empfehlen: Ignorieren Sie es!

Alles Gute!
Rainer Höh

001gp Abb.: rh

GPS-
Grundlagen

Was ist GPS?

Das GPS (**G**lobal **P**ositioning **S**ystem) ist ein Satellitensystem zur weltweiten Standortbestimmung. Das mit allen derzeitigen Geräten nutzbare GPS heißt **NAVSTAR** (**Nav**igation **S**ystem for **T**iming **a**nd **R**anging) und wurde vom US-Verteidigungsministerium entwickelt. Das Department of Defence (DOD) kontrolliert dieses System und kann seine Genauigkeit beeinflussen. NAVSTAR wurde 1978 gestartet und ist seit 1995 voll betriebsfähig. Ursprünglich als rein militärisches System konzipiert, hat es auch im zivilen Bereich (z. B. Luftverkehr, Schifffahrt etc.) so große Bedeutung erlangt, dass ein Abschalten oder Ausfall zu einer Katastrophe im Verkehrswesen führen würde. Der US-Kongress hat die Finanzierung des Systems daher nur mit der Auflage genehmigt, dass es auch der zivilen Nutzung zur Verfügung steht. Eine verbesserte und mit GALILEO kompatible Version (GPSIII) soll ab 2012 betriebsbereit sein.

Ein mit NAVSTAR weitgehend identisches System mit der Bezeichnung **GLONASS** hat das russische Militär in Betrieb. Es sendet jedoch auf einer anderen Frequenz, sodass seine Signale von unseren derzeitigen Empfängern nicht genutzt werden können. Zukünftige Galileo-Empfänger sollen auch diese Satelliten nutzen können.

- *www.glonass-ianc.rsa.ru (auch auf Englisch)*

Die europäische Gemeinschaft baut derzeit das zivile System **GALILEO** auf. Es wird noch genauer und zuverlässiger funktionieren als das amerikanische NAVSTAR und soll etwa 2012 in vollem Umfang zur Verfügung stehen (erste Satelliten sind bereits seit 1995 im Orbit). Für höchste Präzision (im 1-m-Bereich!) wird es mit zwei Frequenzen operieren (s. S. 47), die auch von zivilen Nutzern zu empfangen sind. Zudem soll es mit den Systemen NAVSTAR und GLONASS kompatibel sein; d. h. Satelliten aller drei Systeme sind mit einem Gerät zu empfangen und das Gerät kann die Signale der verschiedenen Satelliten wahlweise bzw. kombiniert verwerten. Außerdem wird es eine völlig neue, globale Search & Rescue- (SAR-)Funktion bieten, die Notsignale sofort an ein Rettungszentrum weiterleitet und sogar den Absender informiert, dass Hilfe unterwegs ist.

- *www.esa.int/esaNA/galileo.html*
- *http://ec.europa.eu/dgs/energy_transport/galileo/index_en.htm*
- *www.galileoju.com/*

Wie funktioniert GPS?

Für die praktische Arbeit mit dem GPS-Gerät muss man die (hier vereinfacht dargestellten) technischen Grundlagen des Systems nicht unbedingt kennen und kann diesen Abschnitt ggf. überspringen, um sich gleich mit den Geräten und ihrer Anwendung zu befassen. Ein Überblick über die Funktionsweise des Systems kann jedoch sehr hilfreich sein, um einzelne Funktionen, Fehlerquellen und Einschränkungen besser zu verstehen.

Jedes GPS-System (ob NAVSTAR, GALILEO oder GLONASS) besteht aus drei Segmenten: dem Kontrollsegment (Bodenkontrollstationen), dem Raumsegment (Satelliten im Weltraum) und dem Nutzersegment (GPS-Empfänger).

Das **Kontrollsegment,** ein Netz von Bodenstationen, kontrolliert und korrigiert die Bahn der Satelliten und sorgt dafür, dass diese Satelliten stets ihre exakte Position und die genaue Uhrzeit kennen.

Das **Raumsystem** umfasst 24–30 Satelliten, die den Erdball in ca. 20.000 km Höhe alle 12 Stunden einmal umrunden. Ihre Umlaufbahnen sind jeweils um 60° gegeneinander und um 55° gegen den

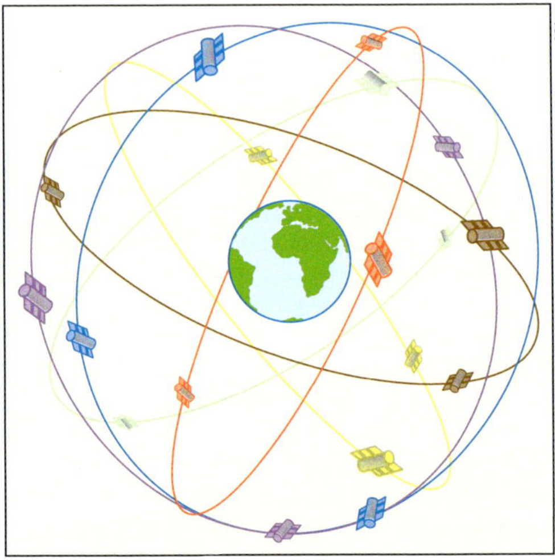

▶ *Anordnung der Satellitenbahnen*

Äquator geneigt, sodass sie um so tiefer über dem Horizont stehen, je mehr man sich den Polen nähert. Sie sind so angeordnet, dass man von jedem Punkt der Erdoberfläche (abgesehen von den Polkappen) zu jeder Zeit Sichtkontakt zu mindestens 4–6 Satelliten gleichzeitig hat – sofern die Sicht nicht durch Hindernisse eingeschränkt ist. Das heißt natürlich nicht, dass man die Satelliten tatsächlich sieht, sondern dass die Blickrichtung frei ist. Jeder dieser Satelliten sendet laufend per Funk Informationen über seine Position, die per Atomuhr ermittelte Uhrzeit und eine Zahlenreihe, aus der das GPS-Gerät seine Entfernung vom jeweiligen Satelliten bis auf wenige Meter genau errechnen kann.

Das **Nutzersegment** sind die Endgeräte: also z. B. der GPS-Empfänger, den Sie in der Hand halten. Er empfängt die Signale von mehreren dieser Navigationssatelliten (Bahndaten, Uhrzeit und Zahlensequenz) und errechnet daraus rund um die Uhr zu jeder Sekunde und an jedem beliebigen Punkt der Erdoberfläche seine momentane Position und seine Höhe über dem Meer. Neben dem eigentlichen Empfänger umfasst das GPS-Gerät eine genaue Quarzuhr, einen Datenspeicher und einen Rechner (CPU), der aus den empfangenen Signalen neben seiner Position eine Vielfalt von weiteren Informationen errechnen kann.

Für die **Positionsbestimmung in der Ebene (2D)** braucht das Gerät die Signale von mindestens drei Satelliten, für eine ausreichend präzise Positionsbestimmung und die zusätzliche **Ermittlung der Höhe über dem Meer (3D)** benötigt es mindestens vier Satelliten.

Achtung 2D
Die ermittelte Position ist bei 2D weitaus ungenauer als bei 3D und sollte nicht verwendet werden! *(s. S. 16–18 und 48)*

Das **GPS-Gerät errechnet seine Position** aus den Entfernungen zu mindestens drei Satelliten. Diese Entfernungen ermittelt das Gerät, indem es die Zeit misst, die die Funksignale brauchen, um den Weg vom Satelliten bis zum Empfänger zurückzulegen. Für die Zeitmessung benutzt das System eine festgelegte Binärsequenz. Jeder Satellit sendet in einer periodisch sich wiederholenden Folge und in genau festgelegten (extrem kurzen!) Zeitabständen eine bestimmte Sequenz von „Einsen" und „Nullen" aus. Die gleiche Sequenz läuft genau synchron auch im Empfänger ab.

Sequenz Satellit	1101	1110	0011	1111	0001	1001	1000	1111	0110	0000
Sequenz im GPS-Gerät	1101	1110	0011	1111	0001	1001	1000	1111	0110	0000
GPS-Gerät empfängt							1101	1110	0011	1111

Wenn das GPS-Gerät nun die Folge 1101 empfängt und zugleich mit seiner eigenen Sequenz bei 1000 (also sechs Schritte weiter) angelangt ist, dann weiß es, dass das Funksignal sechs Zeiteinheiten vom Satelliten bis zum Empfänger unterwegs war und kann anhand der bekannten Geschwindigkeit der Funkwellen seine genaue Entfernung zum Satelliten errechnen. Dieses Verfahren nennt man **Ranging.** Da sich Funksignale mit Lichtgeschwindigkeit ausbreiten (bis zur Erde brauchen sie nur einige Hundertstelsekunden!), ist dazu eine äußerst genaue Zeit-Synchronisation zwischen Sender und Empfänger erforderlich.

Aus der Entfernung zu einem Satelliten plus dessen bekannter Position ergibt sich eine **Kugeloberfläche im Raum,** auf welcher der Empfänger sich befinden muss. Den Mittelpunkt dieser Kugel bildet der Satellit, den Radius die errechnete Entfernung zwischen Satellit und Empfänger. In der Ebene benötigt man zwei Bezugsrichtungen zu bekannten Punkten, um seinen Standort zu bestimmen (so funktioniert z. B. die Kreuzpeilung mit dem Kompass). Um eine Position im Raum zu bestimmen, sind die Entfernungen zu drei bekannten Punkten erforderlich – also drei Kugeln, die sich alle an einem Punkt berühren. Eine auf zwei Dimensionen projizierte Darstellung dazu zeigt folgende Abbildung.

Theoretisch reichen also drei Satelliten aus, um die Position zu bestimmen. Da die Quarzuhr des GPS-Empfängers jedoch nicht so hochpräzise ist wie die Atomuhr des Satelliten, ergibt sich ein klei-

▼ *Erst die Signale von drei Satelliten ermöglichen die Ermittlung der Position. Ein vierter ist für die Fehlerkorrektur erforderlich.*

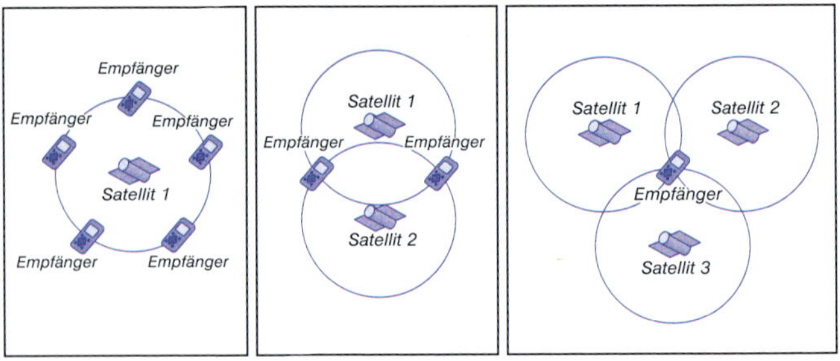

Fehler im 2D-Modus

Gängige GPS-Geräte errechnen zwar auch aus den Signalen von nur drei Satelliten eine Position in der Ebene (2D-Modus), doch diese ist dann weit ungenauer als eine 3D-Position, die mit den Signalen von vier Satelliten ermittelt wurde. In den mitgelieferten Handbüchern wird oft nur darauf verwiesen, dass im 2D-Modus die Höhenangabe fehlt - nicht aber darauf, dass dann auch die Positionsbestimmung in der Ebene beträchtliche Fehler aufweisen kann. Dabei passiert Folgendes: Hat der Empfänger nur Kontakt zu drei Satelliten, so nutzt er den Erdmittelpunkt als Ersatz für einen vierten Satelliten - und die Entfernung vom Erdmittelpunkt ist dann die Entfernung zu diesem „Ersatz-Satelliten". Das Gerät kann im 2D-Modus also keine Höhe errechnen und benötigt die Höhenangabe sogar als Grundlage, um eine Position bestimmen zu können. Es muss also eine geschätzte Höhe annehmen. Das kann je nach Gerät entweder einfach die Meereshöhe oder die letzte errechnete Höhe sein. Beide können jedoch erheblich von der tatsächlichen Höhe abweichen.
Ohne die Signale eines vierten Satelliten kann der Fehler bei der Standortbestimmung daher mehrere hundert Meter oder sogar über einen Kilometer betragen. Achten Sie deshalb bei der GPS-Navigation stets darauf, ob das Gerät im 3D-Modus arbeitet, und beim Kauf eines Geräts darauf, dass es jederzeit anzeigt, ob es sich im 2D- oder 3D-Modus befindet!

ner **Fehler in der Synchronisation** und damit ein Fehler in der Entfernungsmessung, der dazu führt, dass man - ähnlich wie bei der Kreuzpeilung mit dem Kompass - keinen exakten Punkt erhält, sondern ein Raumsegment (bei der Kreuzpeilung ist es ein Dreieck), das umso größer wird, je größer der Fehler ist.

Um diesen Fehler auszugleichen, ist ein vierter Satellit erforderlich. Aus seiner **fehlerhaften Distanz (Pseudo Range)** ergeben sich in Kombination mit den Pseudo Ranges zu den anderen drei Satelliten drei weitere, ebenfalls etwas „unscharfe" Positionen. Da der Fehler durch die geringfügige Ungenauigkeit der Empfängeruhr jedoch bei allen vier Bestimmungen der Position gleich groß ist, kann das Gerät seine tatsächliche Position daraus durch **Mittelwertbildung** bis auf wenige Meter genau bestimmen. Andere Fehler werden durch diese Mittelwertbildung allerdings nicht ausgeglichen!

Koordinaten und Wegpunkte

Einführung

Die traditionelle Orientierung mit Karte und Kompass basiert auf Winkelmessungen und der Übertragung gemessener Winkel von der Karte ins Gelände oder vom Gelände auf die Karte. Im Gegensatz dazu spielen Winkel für die GPS-Arbeit nur eine sekundäre Rolle. Basis dieses Systems sind Koordinaten und die durch Koordinatenpaare beschriebenen Punkte (Wegpunkte).

040gp Abb: ma

▶ *Auch ohne Karte kann GPS sehr hilfreich sein, doch um GPS optimal nutzen zu können, sind Grundkenntnisse der Kartenarbeit sehr wichtig.*

Da Koordinaten die Grundlage für jede GPS-Arbeit bilden, werden sie am Anfang des Buches behandelt. Um sich durch die etwas trockene Materie nicht abschrecken zu lassen, können Sie sich aber auch zunächst mit den Geräten und der praktischen Arbeit befassen und diese Grundlagen erst später nachlesen, wenn sie dort gebraucht werden.

Was sind Koordinaten?

Koordinaten sind sich schneidende Linien, die auf sehr einfache und doch höchst präzise Weise konkrete Punkte auf der Karte und im Gelände definieren. Zwei simple Ziffernfolgen genügen, um jeden beliebigen Punkt der Erdoberfläche metergenau zu beschreiben! Koordinaten bilden die entscheidende Verknüpfung zwischen GPS-Anzeige, Landkarte und Gelände. Sie ermöglichen es, allein mit dem GPS-Gerät weltweit den Standort zu bestimmen und den Weg zu einem bekannten Ziel zu finden. Probieren Sie das einmal mit dem Kompass!

Um GPS zu verstehen und um praktisch damit arbeiten zu können, muss man daher mit den Grundlagen der Koordinatensysteme zumindest halbwegs vertraut sein – auch wenn diese Materie dem Ungeübten auf den ersten Blick etwas verwirrend erscheinen mag.

Koordinatensysteme (Kartengitter)

Um einen Punkt auf der Landkarte (also in der Ebene) eindeutig zu bezeichnen, braucht man entsprechend den zwei Dimensionen auch zwei Richtungswerte (Koordinaten), die im Prinzip nichts anderes sind, als die aus dem Mathematikunterricht bekannte x- und y-Achse. Mithilfe dieser Koordina-

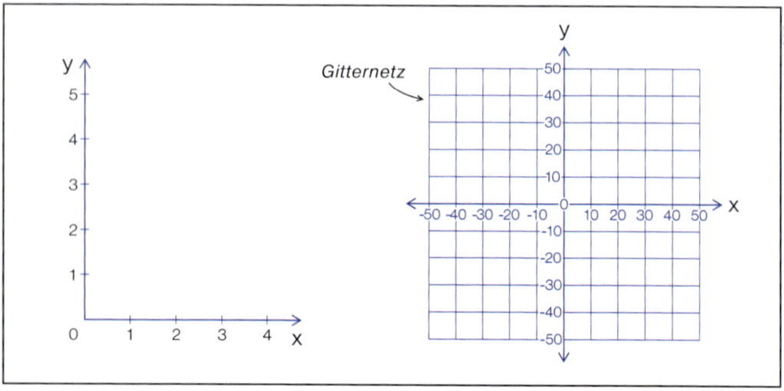

▲ *Beispiele für x/y-Koordinaten-Systeme*

ten kann man Positionsangaben des GPS-Geräts auf die Karte übertragen und umgekehrt Punkte von der Karte (z. B. die Lage einer Berghütte) in das Gerät eingeben.

Verlängert man auf der x- und y-Achse einige der Werte (z. B. 10, 20, 30 etc.) senkrecht zur Achse, so erhält man ein **Netz** oder **Gitter,** das beim Einzeichnen von Punkten und beim Ablesen von Koordinaten hilft. (Im Unterricht hat man dafür das Kästchengitter des Rechenheftes genutzt.) Entsprechend werden einige der Koordinaten auf der Landkarte dargestellt – wie das Suchgitter auf dem Stadtplan zum Auffinden einzelner Punkte. Das Resultat bezeichnet man dann als **Kartengitter** oder **(Gitter-)Netz.**

Netz oder Gitter?

Korrekterweise wird das geografische Koordinatensystem als „Netz" bezeichnet (da seine „Maschen" unterschiedlich groß sind), ein geodätisches Koordinatensystem hingegen als „Gitter" (da seine Linien rechtwinklig bzw. parallel verlaufen). In der Praxis werden aber oft beide schlicht „Gitter" genannt.

Ebenso wie man x- und y-Achse unterschiedlich anordnen und mit unterschiedlichen Maßeinheiten versehen kann, sind auch bei den für die Orientierung verwendeten Koordinaten unterschiedliche Anordnungen, Zählrichtungen und Maßeinheiten möglich, sodass es nicht nur ein Koordinatensystem gibt, sondern zahlreiche verschiedene. Hinzu kommt, dass die Erdoberfläche für die Kartendarstellung zunächst auf eine zweidimensionale Fläche projiziert werden muss – und dass für diese Kartenprojektion ebenfalls unterschiedliche Modelle entwickelt wurden. Dies macht die ansonsten recht einfache Arbeit mit Koordinatensystemen zunächst etwas verwirrend. Die Entwicklung des GPS hat jedoch einen **internationalen Standard für Koordinatensysteme** geschaffen (UTM und WGS84), der die Arbeit erleichtert und auf den nach und nach alle Karten umgestellt werden.

Bisherige Landkarten verwenden üblicherweise zwei grundsätzlich verschiedene **Arten von Koordinatensystemen:**

- geografische Koordinatensysteme: Längen- und Breitengrade, unterteilt in Minuten und Sekunden
- geodätische Koordinatensysteme: rechtwinklige Gitter in Kilometer- und Meter-Einheiten.

Geografisches Netz (Gradnetz)

Für das geografische Netz hat man die Erdkugel mit 360 **Längengraden** und 180 **Breitengraden** überzogen. Die Längengrade (= Meridiane) verlaufen in Nord-Südrichtung zwischen den ↗geografischen Polen, die Breitengrade (Parallelen) verlaufen in Ost-West-Richtung parallel zum Äquator rings um den ganzen Globus. Breitengrade haben überall den gleichen Abstand voneinander (ca. 111 km), sind aber unterschiedlich lang (um so kürzer, je näher an den Polen sie verlaufen); Längengrade sind stets gleich lang, haben jedoch einen Abstand, der am Äquator am größten ist (ebenfalls rund 111 km) und zu den Polen hin gegen Null schrumpft.

Geografische Pole
Stellen, an denen die Rotationsachse der Erde die Erdoberfläche durchstößt.

Die Längengrade schneiden den Äquator im rechten Winkel. Da sie jedoch an den Polen zusammenlaufen, bilden sie mit allen übrigen Breitengra-

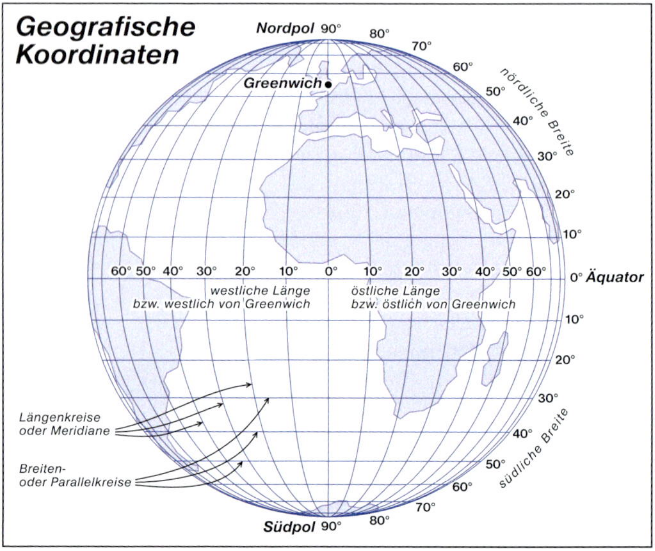

den ein Netz aus nicht rechtwinkligen Vierecken, die schmaler als hoch sind (und das um so mehr, je weiter man sich vom Äquator entfernt). Dies macht die Arbeit mit dem geografischen Netz etwas mühsamer als mit geodätischen Gittern.

O = E

Da für die Himmelsrichtungen häufig die Abkürzungen der englischen Bezeichnungen verwendet werden, kann für O (= Ost) auch E (= East) stehen. Die übrigen Bezeichnungen (N, S, W) sind im Englischen wie im Deutschen gleich.

Als Breitengrad Null wurde der **Äquator** gewählt; von hier aus werden je 90 Grad nach Norden und Süden (N und S) gezählt: 90°N ist also der Nordpol. Als **Nullmeridian** hat man willkürlich den durch die Sternwarte von Greenwich bei London verlaufenden Längengrad definiert und zählt von dort aus je 180° nach Osten (↗O bzw. E) und nach Westen (W). Der Längengrad 180°O (bzw. 180°E) fällt also genau gegenüber vom Nullmeridian mit 180°W zusammen. Für exaktere Angaben ist jedes Grad (°) in 60 Minuten (60′) unterteilt und jede Minute in 60 Sekunden (60″). Da ein Grad aber 60 Minuten hat (nicht 100) und eine Minute 60 Sekunden, muss stets durch 60 geteilt werden (s. S. 24 „Umwandlung“).

Darstellung geografischer Koordinaten

Bei der Angabe geografischer Koordinaten wird meist erst die Länge und dann die Breite genannt, z. B. 44°54′00″N (nördlicher Länge) und 5°19′28″E (östlicher Breite). Für die GPS-Arbeit wird üblicherweise die Angabe der Hemisphäre (N, S, E, W) den Ziffern vorangestellt; also: N44°54′00′ E5°19′28″.

Die typische Anzeige eines GPS-Geräts wird dann beispielsweise so aussehen:

N44°54′00.5″
E005°19′28.8″.

In diesem Fall ist im Menü des GPS-Geräts folgende Einstellung vorausgewählt: **hddd°mm′ss.s″,** wobei **„h“** für „hemisphere“ (Hemisphäre, also N, S, E, W) steht, **„d“** für „degree“ (Grad), **„m“** für Minute und **„s“** für Sekunde.

Wahlweise können auch Dezimalgrad, bzw. Dezimalminuten und Dezimalsekunden verwendet werden, wie folgende Übersichtstabelle zeigt:

Darstellung	Einstellung im GPS-Gerät	Anzeigebeispiel
Dezimalgrad	*hddd.ddddd°*	*N44.90015° E005.32467°*
Grad und Dezimalminuten	*hddd°mm.mmm'*	*N44°54.009' E005°19.480'*
Grad, Minuten, Dezimalsekunden	*hddd°mm'ss.s''*	*N44°54'00.5'' E005°19'28.8''*

Bei der GPS-Arbeit im geografischen Netz ist darauf zu achten, dass neben den korrekten

Koordinaten auch die korrekte Hemisphäre (Nord/Süd, Ost/West) eingegeben wird. Sonst ist es, als würde man im x/y-Achsenkreuz Plus und Minus vertauschen und es kommt zu irrwitzigen Fehlern!

Umwandlung geografischer Koordinaten

Da die Unterteilung in je 60 Minuten und Sekunden nicht dem Dezimalsystem entspricht, ist die Umwandlung in Dezimaleinheiten etwas erschwert. Man kann nicht einfach wie gewohnt mit 10 multiplizieren/dividieren bzw. das Komma verschieben, sondern muss stets durch 60 dividieren oder damit multiplizieren, z. B.:

von Sekunden in Minuten in Grad	
Sekunden	*48°34'21''*
in Dezimal-Minuten	*48°34 21/60' = 48°34,35'*
in Dezimal-Grad	*48 34,35/60° = 48,5725°*

von Grad in Minuten in Sekunden	
Dezimal-Grad	*45,3225°*
in Dezimal-Minuten	*45° 60 x 0,3225 = 45°19,35'*
in Dezimal-Sekunden	*45° 19' 60 x 0,35'' = 45°19'21''*

Für gewöhnlich muss man sich mit solchen Umrechnungen jedoch nicht belasten, da das GPS-Gerät dies in beliebiger Richtung auf Knopfdruck erledigt.

Geodätische Gitter

Um die oben genannten Schwächen des geografischen Netzes auszugleichen, wurden verschiedene rechtwinklige Gitter entwickelt, bei denen die einzelnen Linien überall den gleichen Abstand voneinander haben. Diese einheitlichen Abstände bieten zugleich den Vorteil, dass sich ein solches Koordinatensystem direkt mit einem System zur Entfernungsangabe verbinden lässt; d. h. die Abstände der Gitterlinien wurden genau in Metern und Kilometern festgelegt, was beim geografischen System unmöglich ist.

Während es nur ein geografisches Netz gibt, existieren zahlreiche unterschiedliche geodätische Gittersysteme mit unterschiedlich gewählten Null-Achsen und Zählweisen. Weltweit am verbreitetsten ist das internationale ↗**UTM-Gitter.** Da das UTM-Gitter der Standard für die GPS-Navigation ist und nach und nach alle Karten darauf umgestellt werden sollen, wird es hier näher behandelt. Die anderen geodätischen Gitter funktionieren nach dem gleichen Prinzip.

UTM

UTM steht für ***U****niversale* ***T****ransversale* ***M****ercator Projektion, bezeichnet also die Art der Projektion, mit der bei diesem System die dreidimensionale Erdoberfläche auf eine zweidimensionale Ebene übertragen wird.*

UTM-Gitter

Alle rechtwinkligen Gitter haben mit dem Problem zu kämpfen, dass sich eine gewölbte Oberfläche (wie die Erdoberfläche) nicht flächentreu auf eine zweidimensionale Ebene (Landkarte) projizieren lässt, ohne die Winkel zu verzerren. So wie z. B. die Ränder einer ausgehöhlten Pampelmusenhälfte auseinander reißen, wenn man sie auf dem Tisch platt drückt. Behält man die rechten Winkel dennoch bei, so werden zwangsläufig die Flächen – und damit die Entfernungen – etwas verzerrt. So wie sich Flächen und Entfernungen ausdehnen, wenn man anstatt der Pampelmusenhälfte die Hälfte eines dehnbaren Gummiballs nimmt.

Da man es bei der Outdoor-Orientierung jedoch mit sehr **kleinen Ausschnitten der Erdoberfläche** zu tun hat (die nicht stark gewölbt, sondern annähernd flach sind) und das UTM-Gitter nicht die gesamte Erdoberfläche an einem Stück überzieht, sondern für 1200 einzelne Ausschnitte separat fest-

gelegt wurde, beträgt diese Verzerrung weniger als 0,4 % und kann für Outdoor-Zwecke vernachlässigt werden. Umgekehrt können Karten größeren Maßstabs wie z. B. Straßenkarten kein geografisches Gitter verwenden, weil bei diesen entsprechend größeren Ausschnitten der Erdoberfläche die Verzerrung zu stark wäre.

Für das UTM-Gitter wurde die Erdoberfläche in 60 von Nord nach Süd verlaufende **Streifen (Zonen)** unterteilt, die am 180. Breitengrad (Datums-

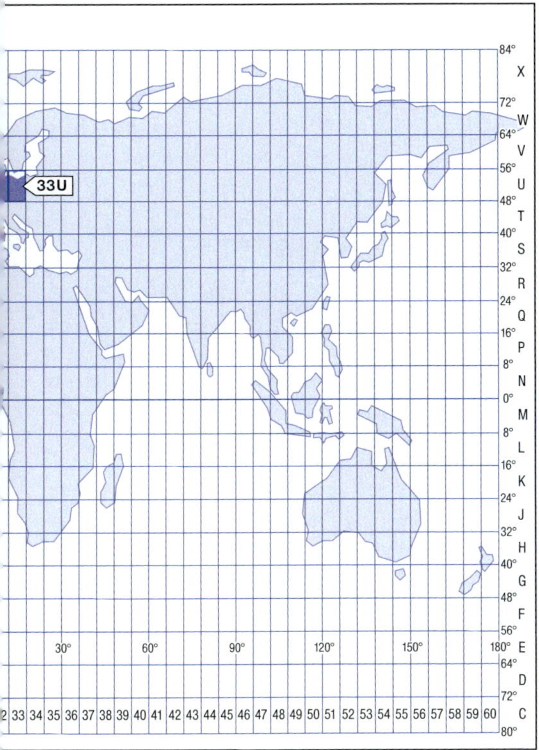

linie) mit 1 beginnend nach Osten hin rings um die Erde gezählt werden (also nicht wie beim geografischen Gitter in zwei Richtungen). Jede der Zonen ist genau 6° breit und wird von einem Längengrad (dem **Mittelmeridian**) in zwei gleiche Hälften geteilt, sodass im UTM-Gitter nur eine Nordlinie mit einem Längengrad (dem Mittelmeridian) zusammenfällt.

Diese Längsstreifen werden rechtwinklig durch 20 **Breitenbänder (Felder)** gekreuzt, die begin-

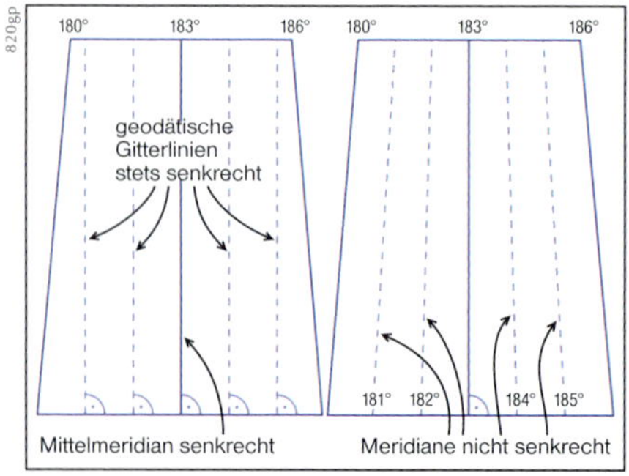

nend bei 80° S von Süd nach Nord – also ebenfalls nur in eine Richtung – gezählt und mit Großbuchstaben von C bis X gekennzeichnet werden. Die Buchstaben „I" und „O" werden dabei nicht verwendet, weil sie leicht mit den Ziffern „1" und „0" zu verwechseln sind. Die Breitenbänder enden bei 84°N. Die Buchstabenabfolge bildet eine hilfreiche Eselsbrücke, die zeigt, auf welcher Halbkugel ein Zonenfeld liegt: Mit „N" (wie Norden) beginnen die Felder der Nordhalbkugel.

UPS-Gitter

*Die Polkappen werden in Ergänzung zum UTM-Gitter durch das UPS-(**U**niveral **P**olar **S**tereographic-)Gitter abgedeckt. Jede der Regionen wird dabei in zwei Halbkreise geteilt: A und B für die Antarktis, Y und Z für die Arktis; der erste Buchstabe steht für den westlichen, der zweite für den östlichen Bereich. Die Gitterlinien laufen parallel zum Längengrad 0° bzw. 180°.*

Nahe den Polen wäre die Verzerrung zu stark, sodass für diese Regionen ein eigenes Gitter (↗UPS-Gitter) erforderlich ist. Jedes Band umfasst genau 8 Breitengrade – außer dem nördlichsten, das 12° breit ist. Hierdurch entstehen insgesamt 1200 **Zonenfelder,** von denen jedes durch die Kombination aus der Zonennummer und dem Buchstaben für das Breitenband gekennzeichnet wird. Der Westteil Deutschlands liegt größtenteils im Feld 32 U, die neuen Bundesländer überwiegend im Feld 33 U.

Die Zonenfelder werden für manche Zwecke weiter in **100-km-Quadrate** (Gitterfelder) unterteilt, die jeweils mit zwei Großbuchstaben gekennzeichnet werden. Diese beiden Buchstaben ersetzen auf den entsprechenden Karten dann die jeweils ersten beiden Ziffern des Rechts- und Hochwerts. Dies

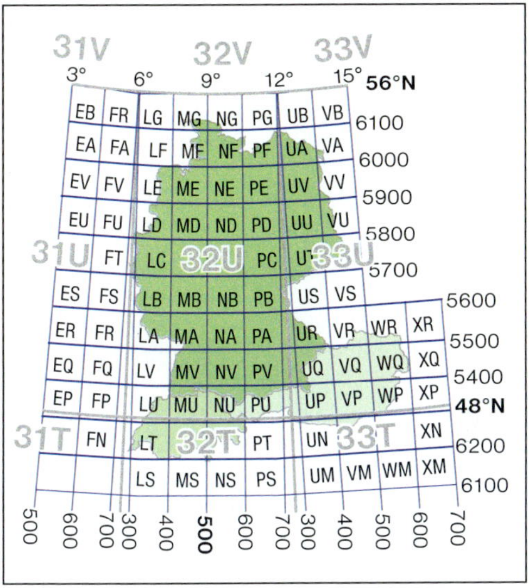

UTM-Zonenfelder und 100-km-Quadrate

spielt vor allem für Militärkarten und das **M**ilitary **G**rid **R**eference **S**ystem (MGRS) eine Rolle.

UTM-Koordinaten

Anders als das geografische Koordinatensystem (das für die ganze Welt nur einen Bezugspunkt kennt, von dem aus gezählt wird: den Schnittpunkt von Nullmeridian und Äquator) hat im UTM-System **jede Zone einen eigenen Bezugspunkt:** den Schnittpunkt des jeweiligen Mittelmeridians mit dem Äquator. Gezählt wird innerhalb jeder Zone stets von West nach Ost – also nach rechts (Ost- oder Rechtswert) und dann von Süd nach Nord – also nach oben (Nord- oder Hochwert).

Der **Bezugspunkt** (Mittelmeridian) jeder Zone erhält jedoch nicht – wie man erwarten würde – den Wert Null. Um negative Zahlen zu vermeiden, wird der Mittelmeridian jeder Zone mit 500.000 mE (also 500.000 m = 500 km Ost) gekennzeichnet. Zwecks Übersichtlichkeit werden dabei die Ziffern für die Kilometer (also Tausender und Zehntausender) oft größer oder fett dargestellt; für den Mittelmeridian z. B. 500000. Ein höherer Wert als 500000 bedeutet, dass der Ort östlich des Mittelmeridians, ein niedrigerer, dass er westlich davon liegt. Da eine Zone maximal 666,72 km breit ist, können die Werte zwischen 166640 und 833360 liegen. Auf der topografischen Karte sind gewöhnlich Kilometergitter aufgedruckt und am Kartenrand gekennzeichnet; der Mittelmeridian ist also als „500" oder „500" gekennzeichnet.

In der Regel werden diese Werte siebenstellig geschrieben wobei ggf. eine Null vorgestellt wird; z. B. für den Mittelmeridian 0500000. Manche Karten lassen jedoch diese Null auch weg und schreiben einfach 500000.

Der Äquator erhält zwar für die nördliche Hemisphäre den Wert 0000000 mN (also 0 m), für die südliche Hemisphäre jedoch (wieder um negative Zahlen zu vermeiden) den Wert 10000000 mN (also 10.000 km). Ein Punkt mit dem Wert 5979000 mN (oft einfach 5979000N geschrieben) kann also 5979 km nördlich des Äquators liegen oder (10.000–5.979 =) 4021 km südlich davon. Man muss daher stets wissen, ob die **nördliche oder südliche Halbkugel** gemeint ist. Dies kann man aus dem Buchstaben des Breitenbandes ablesen – alle ab „N" (= **N**orden) liegen auf der Nordhalbkugel, alle vor „N" auf der Südhalbkugel. Auf der Nordhalbkugel reichen die Werte bis zu 9334080 mN am 84. Breitengrad Nord, auf der Südhalbkugel bis 1110400 mN am 80. Breitengrad Süd.

Um die **Lage eines Punktes zu beschreiben,** wird immer zunächst das Zonenfeld angegeben, dann der Rechtswert (Ost), gefolgt vom Hochwert (Nord); z. B. 32 U 0506350 mE (Rechts-/Ostwert)

5332000 mN (Hoch-/Nordwert). Beachten Sie, dass „E" und „N" bei UTM nur für die Richtung Ost und Nord stehen, nicht wie im geografischen Gradnetz für die Hemisphäre.

Der bezeichnete Punkt liegt also 350 m rechts (östlich) der senkrechten Gitterlinie 0506 und direkt auf der waagerechten Gitterlinie 5332. Auf einer Karte im Maßstab 1 : 100.000 befindet er sich also 0,35 cm rechts dieser Linie (bei 1 : 50.000 sind es 0,70 cm und bei 1 : 25.000 1,40 cm). Der offensichtliche Vorteil dieses Systems liegt darin, dass sich die Werte direkt in Entfernungen (in Meter) umsetzen lassen; d. h. die geodätischen Koordinaten geben konkrete Entfernungen an. Und mit einem entsprechenden Lineal oder Planzeiger (s. S. 147ff.) kann man sie rasch und mühelos aus der Karte ermitteln bzw. auf die Karte übertragen.

Häufig werden **Rechts- und Hochwert als eine Zahlenkolonne** dargestellt, wobei die erste Null entfällt; in unserem Beispiel also: 5063505332000 oder 5063505332000. Davor stehen die Ziffern für die UTM-Zone und der Buchstabe, der das UTM-Breitenband bezeichnet (beides ist auf dem Kartenrand vermerkt); z. B.: 32 U 5063505332000 oder 32 U 5063505332000. Auf dem Display des GPS-Geräts sieht das dann typischerweise so aus:

32 U 0506350
UTM 5332000

002gp Abb.: rh

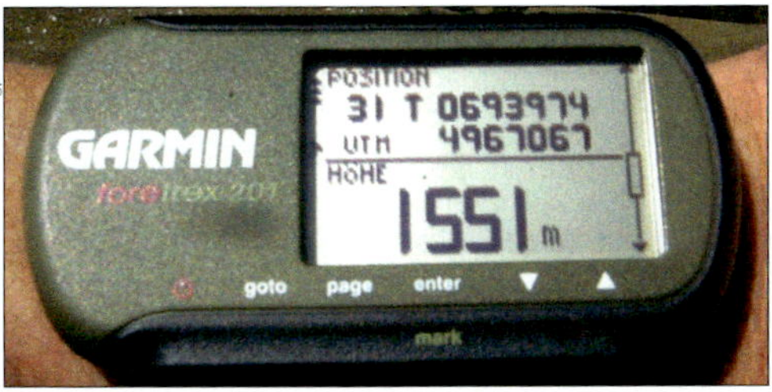

◀ *Typische Anzeigeform der GPS-Position (oben) und Höhe (unten)*

GPS-Grundlagen

Manche GPS-Geräte zeigen statt des Buchstabens des jeweiligen Breitenbandes nur ein „N“ für Nordhalbkugel bzw. „S“ für Südhalbkugel. Einige Geräte (z. B. Magellan) geben den Buchstaben des Breitenbandes auch gar nicht an. Sie müssen dann selbst entscheiden, ob er auf der nördlichen oder südlichen Halbkugel liegt, was in den allermeisten Fällen aber kein Problem sein sollte.

Die Anzahl der angegebenen Ziffern wird natürlich auch durch die Genauigkeit der Messung bedingt; so kann die gleiche Position je nach Genauigkeit auf folgende Weisen angegeben sein:

UTM-Koordinaten	Rechts-(Ost-) Wert in m	Hoch-(Nord-) Wert in m	Genauigkeit
32T 5643514828734	564.351	4.828.743	1 m
32T 56435482873	564.350	4.828.740	10 m
32T 564348287	564.300	4.828.700	100 m
32T 5644828	564.000	4.828.000	1.000 m
32T 56482	560.000	4.820.000	10.000 m
32T 548	500.000	4.800.000	100.000 m

Angegeben wird also, genau genommen, nicht die exakte Lage eines Punkts, sondern die linke untere Ecke eines Quadrates, in dem dieser Punkt liegt. Da sich die Größe dieses Quadrats jedoch bei entsprechender Genauigkeit auf einen Quadratmeter begrenzen lässt, sind die Angaben „so gut wie“ punktgenau.

Beachten Sie, dass die korrekte Angabe des Zonenfeldes unverzichtbar ist. Ein bestimmter Punkt in den Bergen nahe Grenoble hat z. B. die UTM-Koordinaten 31 T 6835384974487.

Würde man statt 31 T versehentlich den Wert 33 T eingeben, so befände man sich anstatt bei Grenoble plötzlich nahe dem Flughafen von Banja Luka in Bosnien-Herzegovina. Falsch eingegebene Buchstaben des Breitenbands innerhalb des Bereiches N bis bis X werden vom Gerät automatisch korrigiert, sofern sie auf der richtigen Halbkugel liegen (da es weiß, dass diese Kombination nicht existiert). Würde man hingegen einen Buchstaben zwischen C und M eingeben, so befände sich Grenoble plötzlich im Südatlantik irgendwo vor der Küste Südafrikas.

Gauß-Krüger-Gitter

Das auch GK-Gitter abgekürzte und von GPS-Geräten meist als **„German Grid"** bezeichnete Gauß-Krüger-Gitter war früher der Standard für topografische Karten Deutschlands und findet sich teilweise noch auf älteren Kartenausgaben. Trotz großer Ähnlichkeit mit dem UTM-Gitter, das aus dem GK-Gitter entwickelt wurde, dürfen die Koordinatenangaben keinesfalls verwechselt werden. Zwar gibt wie beim UTM-Gitter der Rechtswert den Abstand vom Mittelmeridian an und der Hochwert den Abstand vom Äquator, doch die Zonen sind nur 3° breit. Die Mittelmeridiane liegen bei 3°E, 9°E, 12°E etc. und haben wie im UTM-System jeweils die Koordinatenzahl 500.000 m. Die Mittelmeridiane werden mit den Kennziffern 1, 2, 3 etc. (für die Meridiane 3°E, 9°E, 12°E etc.) markiert. Das GK-System verwendet jedoch eine andere Projektion und vor allem ein **anderes Kartenbezugssystem** („Potsdam" s. S. 36/37). Eine Verwechslung würde daher zu Fehlern in der Größenordnung von 500 m führen.

Die **Koordinaten** werden wie bei UTM durch Rechts- und Hochwert angegeben, allerdings ohne die Bezeichnung von Zonenfeldern (an ihre Stelle treten die Kennziffern für die Meridiane). Eine typische GPS-Anzeige würde etwa so aussehen:

2446706
GK 4973634

Das heißt: Der Punkt liegt 500.000–446.706 = 53.294 m oder 53 km und 294 m westlich des Mittelmeridians „2" (also 6°E) und 4973 km und 634 m nördlich des Äquators.

Weitere Gitter

Weitere Gitter älterer europäischer Topos verwenden ein ähnliches System mit ungeraden Mittelmeridianen, die aber teilweise anders gelegt sind, und abweichende Bezugspunkte. Einige Beispiele im Überblick:

Gitter	Kartenbezugssystem	Abweichung
Schweizer Gitter	*CH 1903*	*Nullmeridian läuft durch die alte Sternwarte von Bern*
Österreicher GK	*Austria*	*GK-Gitter mit anders gelegten Mittelmeridianen*
Schweden	*RT 90*	*Bezugspunkt ist die alte Sternwarte Stockholms*

ECEF-Koordinaten

Es mag sich widersinnig anhören, aber es ist so: Das für die GPS-Arbeit wichtigste Koordinatensystem (das NAVSTAR und alle GPS-Geräte verwenden) werden Sie nie zu Gesicht bekommen. Es wird als ECEF (= **E**arth **C**entered **E**arth **F**ixed, xyz) bezeichnet. Dabei handelt es sich um ein rechtwinkliges, **dreidimensionales Koordinatensystem,** dessen Achsen sich im Erdmittelpunkt schneiden und durch den Schnittpunkt des Nullmeridians mit dem Äqua-

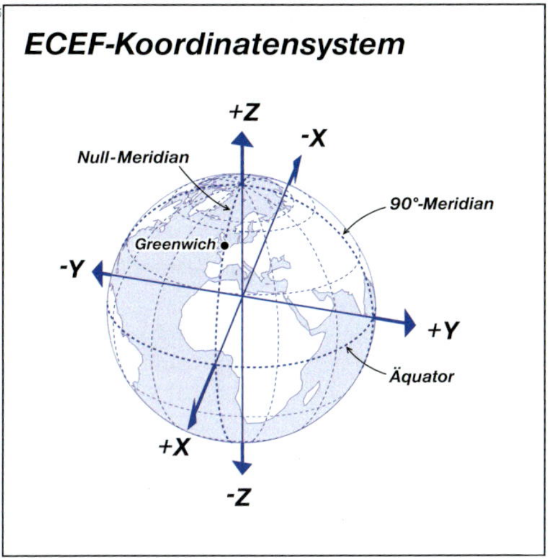

tor (x), durch die Schnittpunkte der 90. Längengrade mit dem Äquator (y) und durch die geografischen Pole (z) verlaufen (siehe Abbildung oben).

Die **Vorteile des Systems** liegen darin, dass es beliebige Punkte auf der dreidimensionalen Erdoberfläche (auch auf Berggipfeln) genau beschreiben kann, ohne diese Oberfläche zunächst auf zwei Dimensionen projizieren zu müssen – also auch ohne die bei diesen Projektionen auftretenden Verzerrungen. Computer (zu denen auch das GPS-Gerät zählt) können in diesem System hervorragend rechnen – für den „menschlichen Gebrauch" ist es jedoch nicht geeignet. Deshalb werden zwar im GPS-Gerät alle Positionen im ECEF-Koordinatensystem berechnet und gespeichert, aber für die Anzeige werden die ECEF-Koordinaten stets in die Koordinaten des vom Benutzer ausgewählten Systems umgerechnet – z. B. Länge/Breite, UTM etc.

Kartenbezugssysteme (Kartendatum)

Um eine Karte zu zeichnen, muss man – wie oben erwähnt – die dreidimensional gekrümmte Erdoberfläche als zweidimensionale Fläche wiedergeben (Kartenprojektion). Hierzu wiederum muss zunächst die Form des Körpers „Erde" definiert werden. Da unser Erdball in Wirklichkeit aber keine perfekt geometrische Kugel ist, sondern an den Polen abgeflacht (↗Ellipsoid) und zudem durch Gebirge unregelmäßig ausgebeult (↗Geoid), sind dafür komplizierte Bezugssysteme erforderlich. Um der unregelmäßigen Form möglichst nahe zu kommen, arbeitet man mit einer Zusammensetzung unterschiedlicher Ellipsoide.

Jedes einzelne davon und seine jeweilige Position relativ zu allen übrigen kann durch mathematische Formeln beschrieben werden. Die Gesamtheit

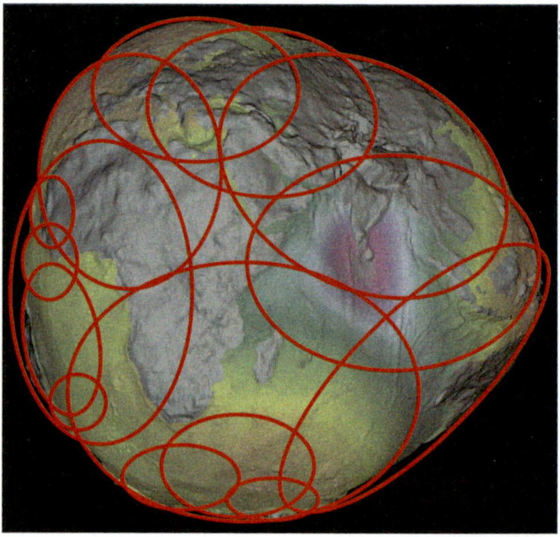
903gp

▶ Die Erd-„kugel" ähnelt eher einer Kartoffel: Stark überhöhte Darstellung des Geoids (Quelle: Astrium/ GFZ Potsdam, www.gfz-potsdam.de). Verschiedene Ellipsoide zur optimalen Darstellung einzelner Bereiche der Erdoberfläche.

Ellipsoid – Geoid

Ein Ellipsoid ist ein streng geometrischer Körper, der durch die Rotation einer Ellipse um ihre Achse gebildet wird und sich durch mathematische Formeln beschreiben lässt. Das Geoid hingegen ist ein physikalisches Phänomen: definiert durch den Abstand vom Erdmittelpunkt, an dem eine bestimmte, einheitliche Gravitation herrscht. Bedingt durch ungleiche Masseverteilung ist das Geoid ein unregelmäßiger Körper, der sich mathematisch nur annähernd definieren lässt. Seine Oberfläche entspricht im Bereich der Ozeane ungefähr dem Meeresspiegel, liegt aber teils unterhalb, teils oberhalb des Ellipsoids und kann um über 100 m davon abweichen.

aller Parameter, die dieses komplexe Gebilde beschreiben, bezeichnet man als **Kartenbezugssystem** oder **Kartendatum** (Map Datum). Es setzt sich zusammen aus:

- dem oben beschriebenen **Ellipsoid,** das die Erdoberfläche auf Meereshöhe definiert, und
- einem **Datumspunkt** (Bezugspunkt) auf diesem Ellipsoid, von dem jeder Punkt der Karte einen definierten Abstand hat.

Da sowohl verschiedene Ellipsoide als auch diverse Bezugspunkte verwendet werden, gibt es über 200 verschiedene Kartenbezugssysteme. Sie werden oft nach ihrem Gültigkeitsbereich (z. B. Austria, Indian Bangladesh oder Taiwan) benannt, nach Bereich und Zeitpunkt der Festlegung (European 1979, Belgium 1950, Bermuda 1957) oder nach ihrem Bezugspunkt (Potsdam, Tokyo).

Feste Beziehungen

Manche Koordinatensysteme sind fest mit einem bestimmten Datum verknüpft. So ist das Gauss-Krüger-Gitter (GK) mit dem Potsdam-Datum (PD) verbunden, das Schweizer Gitter mit CH 1903, das Britische Gitter mit Ord Srvy und das Schwedische Gitter mit RT 90. Wählt man als Gitter GK (bzw. Schwedisches Gitter etc.), werden viele Geräte automatisch das Datum Potsdam (bzw. RT 90 etc.) auswählen und keine andere Eingabe zulassen.

Bezugsgrundlagen von Karte und GPS-Gerät

*Ebenso wie Entfernungen in verschiedenen Maßeinheiten (Kilometer, Meilen, Seemeilen etc.) angegeben werden können, gibt es auch für die Koordinaten-Angabe von Positionen unterschiedliche „Einheiten" (Bezugssysteme): das Kartendatum und das Koordinatensystem. Alle GPS-Geräte verwenden für die Anzeige standardmäßig das Kartendatum WGS84 (**W**orld **G**eodetic **S**ystem 1984) und das Koordinatensystem UTM (**U**niversale **T**ransversale **M**ercator Projektion). Heutige GPS-Geräte können jedoch alle Koordinaten auch in verschiedenste andere Formate umrechnen und darin anzeigen.*

Solange man ausschließlich mit dem Gerät arbeitet, spielt es keine Rolle, welches Format für die Anzeige eingestellt ist. Aber sobald man Koordinaten zwischen Gerät und Karte überträgt, müssen die Bezugssysteme zusammenpassen, um Fehler zu vermeiden (ebenso wie die Maßeinheiten für Entfernungen zusammenpassen müssen, wenn man die Zahlenwerte übertragen will). Dazu werden im Setup-Menü des GPS-Geräts die von der Karte verwendeten Bezugssysteme eingestellt und das Gerät rechnet dann bei der Eingabe alle Koordinaten entsprechend um – und konvertiert sie für die Anzeige wieder in das gerade ausgewählte Format. Passen die Bezugssysteme von GPS-Anzeige und Karte nicht zusammen, so ist dies, als würde man Meilen und Kilometer verwechseln - mit ähnlich gravierenden Fehlern.

ETRS 89

Das ETRS (Europäisches Terrestrisches Referenzsystem 1989) ist ein dreidimensionales, geodätisches Bezugssystem. Da seine Koordinaten nur ca. 1 m von denen im WGS84 abweichen, kann es für Outdoorzwecke diesem gleichgesetzt werden.

Internationaler Standard, auf den nach und nach alle Kartenwerke umgestellt werden, ist WGS84 (**W**orld **G**eodetic **S**ystem 19**84**), das weitgehend mit dem ↗ETRS 89 übereinstimmt.

Ebenso wie jeder andere Punkt der Karte ist auch das Kartengitter (s. o.) in Bezug auf diesen Datumspunkt definiert, sprich: vom ausgewählten Kartendatum abhängig. Eine Karte kann verschiedene Gitter besitzen, aber immer nur ein Kartendatum.

Die komplizierten Grundlagen brauchen den GPS-Nutzer nicht zu verwirren; wichtig ist nur, dass beim Übertragen von Koordinaten zwischen Karte und Gerät **am GPS-Empfänger stets das Datum der verwendeten Karte eingestellt ist.** In Europa kann dies bei älteren Karten z. B. „Europäisches Datum", EU 79, oder „Potsdam Datum" sein, in Nordamerika „NAD-27" oder „NAD-83"). Moderne Geräte kennen die Umrechnungsformeln für über 100 verschiedene Kartenbezugsysteme, die man bequem durchscrollen und per „Enter" auswählen kann. Dann rechnet das Gerät für die Anzeige alle Positionsdaten auf das ausgewählte Bezugsystem um. Umgekehrt werden sie bei der Eingabe vom aktuell ausgewählten Bezugssystem stets auf das Format **WGS84** umgerechnet, indem das Gerät sie dann speichert. Ist am GPS-Gerät ein anderes Kartendatum ausgewählt als das der verwendeten topografischen Karte, dann „weiß" das Gerät nicht, dass es diese Koordinaten umrechnen muss.

Beim Übertragen von Positionen zwischen GPS-Gerät und Karte können dann Abweichungen von mehreren Hundert Metern – in seltenen Extremfällen sogar von mehr als einem Kilometer auftreten (s. Abb.). Leider ist bislang auf vielen Wanderkarten das Datum nicht angegeben, da die Abweichungen für Wanderer mit

037gp

▼ *Abweichungen von bis zu 500 m bei Verwendung verschiedener Kartendaten (hier zur Verdeutlichung der Entfernungen auf einem Stadtplan)*

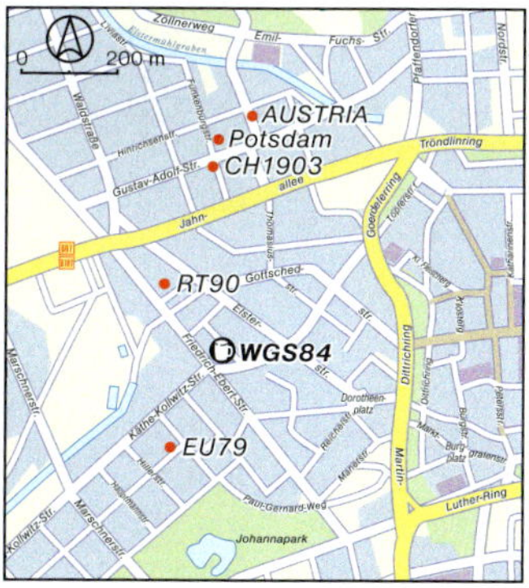

904gp

Weltweiter Standard für neue topografische Karten sind heute: UTM-Gitter und WGS84

traditionellen Orientierungsmitteln kaum ins Gewicht fielen. Mit der höheren Genauigkeit durch GPS von ca. 5–15 m (auf einer Karte im Maßstab 1 : 50.000 sind das nur 0,1–0,3 mm!) werden diese Abweichungen heute jedoch spürbar.

Punkte, deren Koordinaten im Gerät abgespeichert sind, werden als **Wegpunkte** (Waypoint = WPT oder Landmark) bezeichnet. Sie sind die Grundlage für jede effiziente GPS-Arbeit. Daher sollten im Bereich der geplanten Tour möglichst viele und sinnvoll ausgewählte Wegpunkte gespeichert sein. Ein Wegpunkt kann der Standort sein, den man vor wenigen Minuten per Knopfdruck gespeichert hat, oder auch ein Ort auf der anderen Seite des Erdballs, dessen Koordinaten man kennt und in das Gerät eingibt. Moderne GPS-Empfänger können Hunderte von Wegpunkten (mit einem Namen und einer Reihe von Zusatzinfos) abspeichern und jederzeit Entfernung und Kurswinkel zwischen beliebigen Wegpunkten errechnen und anzeigen.

Diese Wegpunkte kann man beliebig **zu einzelnen Routen kombinieren,** die ebenfalls mit einem Namen versehen werden können, damit man sie

041gp Abb.: gm

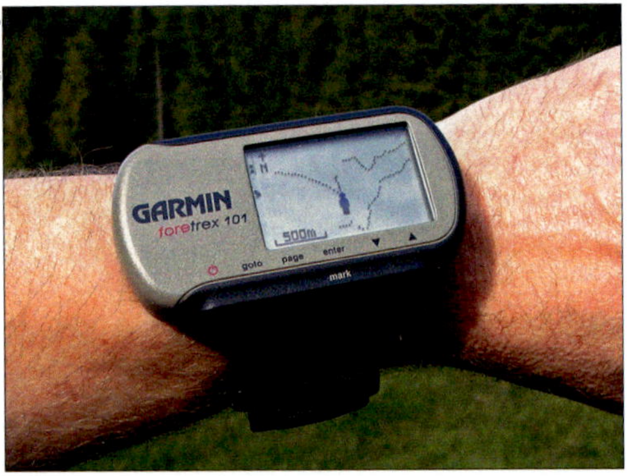

▶ *Das Foretrex 101 für sportliche Naturen, hier in der Funktion Trackaufzeichnung*

bei Bedarf rasch findet. Bestehende Wegpunkte und Routen kann man jederzeit umbenennen, bearbeiten, mit Kommentaren versehen oder löschen (Näheres dazu siehe Kap. „Koordinaten ermitteln und speichern“).

GPS-fähige Karten

Welche Anforderungen sollte eine Landkarte erfüllen, um für die GPS-Navigation geeignet zu sein? Auch wenn für die GPS-Navigation grundsätzlich jede Karte besser ist als gar keine, so sollte eine Karte, um gut zu gebrauchen zu sein, doch bestimmte Anforderungen erfüllen. Allem voran sollte sie zumindest ein **aufgedrucktes Gitter** besitzen. Da man mit einem geografischen Netz weniger komfortabel arbeitet, ist ein **geodätisches Gitter** zu bevorzugen – am besten ein **UTM-Gitter.** Beachten Sie, dass bei Straßenkarten größeren Maßstabs ein geodätisches Gitter nicht möglich ist und man sich daher mit dem geografischen Netz begnügen muss (s. S. 21f.).

Auf manchen Karten sind gleichzeitig mehrere Gitter aufgedruckt – auf anderen sind die Gitter nur am Rand angerissen; d. h. die Markierungen am Rand müssen dann vor der Tour von Hand verbunden werden, was nur mit einem sehr langen Lineal einigermaßen präzise zu machen ist.

Die Art des Gitters (z. B. UTM oder GK), das **Kartenbezugssystem** (z. B. WGS84, Potsdam) und das **Zonenfeld** (z. B. 32 U) müssen auf der Karte angegeben sein – am besten zusätzlich auch die Differenz zwischen GPS- und NN-Höhe (s. S. 44); außerdem natürlich die ↗Kompassmissweisung und alle sonstigen Informationen, die auch für die Navigation ohne GPS erforderlich sind.

Kompassmissweisung
Die Abweichung zwischen verschiedenen Nordrichtungen (siehe auch Exkurs S. 132 „Wo bitte ist Norden?“)

Auf dem **Kartenrand** sollten jeweils die ersten drei Stellen des Rechtswerts und die ersten vier des

Hochwerts vermerkt sein (Kilometerangabe). Die Zahlen sind leichter und rascher zu erfassen, wenn die Ziffern für Tausender und Zehntausender größer und/oder fett gedruckt sind; z. B. 506 und 5332 für die Gitterlinien 506000mE und 5332000mN.

Davon unberührt sollen die Karten natürlich alle Anforderungen erfüllen, die man schon vor GPS an eine gute **topografische Karte** gestellt hat: präzises und übersichtliches Abbild des Geländes, Darstellung aller Wege und der für Wanderer wichtigen Einrichtungen (Hütten, Campingplätze, Quellen), Höhenlinien, Schummerung etc.

Alpenvereinskarten – gimme five!

Alpenvereinskarten mit UTM-Gitter „unterschlagen" beim Hochwert die erste Ziffer, da sie im gesamten für den Verein interessanten Bereich einheitlich „5" lautet. Für die korrekte Eingabe ins GPS-Gerät muss daher den aus der Karte abgelesenen Werten die 5 vorangestellt werden (bzw. man muss den Wert um 500.000 vergrößern).

Da heutige GPS-Geräte zwischen zahlreichen Gittern und Kartenbezugssystemen umrechnen, können Sie natürlich auch regionale, topografische Karten verwenden, die noch nicht auf UTM und WGS84 umgestellt sind. Dann ist jedoch darauf zu achten, dass am Gerät auch die richtige Auswahl eingestellt ist, beispielsweise:

Land	Gitter Positionsformat	Kartenbezugs-system, Map Datum	Anmerkung
Deutschland Topos	*GK (German Grid)*	*Potsdam*	
Deutschland, Militär	*UTM*	*ED 50*	
Finnland	*Finland Haydford*	*Potsdam*	
Frankreich	*UTM*	*ED 50*	
Großbritannien	*British Grid*	*Ord Srvy*	
Italien	*UTM*	*ED 50*	*TK50 und 25*
Österreich	*GK (German Grid)*	*Austria*	
Schweiz	*Swiss Grid*	*CH 1903*	
Schweden	*Swedish Grid*	*RT 90*	

Wie genau ist GPS?

Die Genauigkeit der Positionsbestimmung mit GPS ist weniger von der Leistungsfähigkeit des Gerätes abhängig als von der Genauigkeit der Satellitensignale, die zum einen durch äußere Bedingungen beeinflusst wird und zum anderen vom Betreiber willkürlich verändert werden kann. Unter günstigen Bedingungen ist das **NAVSTAR**-System dazu in der Lage, mittels der für zivile Nutzer verfügbaren C/A (Coarse Aquisition) Signale die **Position bis auf ca. 10–15 m** genau zu ermitteln, die **Höhe bis auf ca. 25 m** genau (Systemgenauigkeit). Nach meinen Erfahrungen mit Garmin-Geräten lagen (guten Signalempfang vorausgesetzt!) die Fehler der Positionsanzeige meist unter 10 m, die der Höhenanzeige im Bereich von 3–15 m. Nach Angaben des Herstellers sind jedoch die ↗barometrischen Höhenangaben immer noch präziser als die GPS-Höhen.

Die Genauigkeit des europäischen **GALILEO-Systems** (s. S. 12) wird noch deutlich höher liegen (etwa im 1-m-Bereich) – wobei noch unklar ist, bis zu welcher Präzision die Nutzung der Signale kostenlos sein wird (in jedem Fall bis zu einer höheren als bei NAVSTAR derzeit möglich).

Barometrische Höhe

Ein Barometer misst naturgemäß nicht die Höhe, sondern lediglich den Luftdruck. Da der Luftdruck jedoch mit zunehmender Höhe über dem Meer gleichmäßig abnimmt, lässt sich daraus recht präzise die Höhe errechnen und anzeigen. Allerdings ändert sich der Luftdruck leider nicht nur mit der Höhe, sondern auch bei gleichbleibender Höhe mit den Wetteränderungen (Hoch-/Tiefdruck). Das heißt, dass ein barometrischer Höhenmesser möglichst oft an Punkten bekannter Höhe justiert werden sollte, um seine Aufgabe erfüllen zu können.

Höhenangaben

Das GPS-Gerät errechnet seine Höhe in Bezug auf das **Ellipsoid,** die in den Karten angegebene Höhe über Normalnull (NN) hingegen bezieht sich auf

Höhenabweichung ermitteln

Vergleichen Sie an einem Punkt bekannter Höhe die Höhenangabe über NN mit der Ihres GPS-Empfängers, um festzustellen, wie groß die Abweichung ist. Dann können Sie zumindest im Bereich des jeweiligen Kartenblattes die GPS-Höhenangabe (ohne Barometer!) entsprechend korrigieren.

das **Geoid** (s. S. 36/37). GPS- und Kartenhöhe über NN sind daher nicht identisch, sondern können leicht um 40–50 m (im Extremfall über 100 m) voneinander abweichen. Auf neueren Karten wird die Differenz angegeben, sodass man zwischen beiden umrechnen kann. GPS-Geräte können diese Differenz automatisch korrigieren – aber leider weiß man dies meist nicht. Zumindest bei Garmin gilt generell: Geräte ohne Barometer zeigen die GPS- (also Ellipsoid-) Höhe an, Geräte mit Barometer die vom Luftdruck abhängige, barometrische Höhe über NN.

Fehlerquellen

Fehler können – unabhängig von der gewollten Signalverfälschung (Selective Availability, s. S. 49f.) – durch äußere Bedingungen verursacht werden: durch eine ungünstige Konstellation der Satelliten (sie verändert sich laufend), durch Ablenkung der Signale und durch die atmosphärischen Verhältnisse (beide sind geringfügig). Auch diese Fehler können durch ihre Schwankungen die Geschwindigkeits- und Richtungsangabe des Geräts beeinflussen, allerdings in weit geringerem Maße als früher die Selective Availability.

Abschattung (Shadowing)

Die Funksignale der GPS-Satelliten sind sehr schwach. Sie können zwar dünne Hindernisse wie Wolken, Nebel, eine Zeltplane oder ein lichtes Blätterdach durchdringen, nicht aber sehr dichte Wälder oder gar Felswände, Berge etc. In dichtem Wald oder engen Schluchten kann der **Kontakt zu einzelnen Satelliten verhindert (abgeschattet) werden** und die Geräte sind dann u. U. nicht dazu in der Lage, ihre Position präzise zu bestimmen. Solange sie Kontakt zu mindestens vier Satelliten haben, ist eine genaue Positionsbestimmung möglich. Bei nur drei Satelliten erhält man nur recht ungenaue **2D-Werte** (s. S. 17) und bei weniger als drei Satelliten ist gar keine Positionsbestimmung mehr möglich (Vollabschattung).

Beachten Sie außerdem, dass viele Geräte bei mangelhaftem Satellitenkontakt (weniger als vier) nicht sofort ein Warnsignal geben oder die Positionsbestimmung verweigern, sondern zunächst noch eine Zeit lang **interpolieren** (d. h. auf Basis der letzten Werte weiterrechnen). Dies ist im Prinzip sinnvoll, da sonst bei Wanderungen im Wald ständige Warnungen mehr verwirren als nutzen würden. Doch wenn Sie in einer solchen Phase des Interpolierens eine Position bestimmen, so kann sie durchaus über 50 m von der tatsächlichen Position abweichen, unter Umständen ohne dass Sie etwas davon merken!

Und schließlich kann eine Teilabschattung dazu führen, dass nur noch **Satelliten in ungünstiger Konstellation** (s. u.) empfangen werden und die Positionsbestimmung daher entsprechend ungenau ausfällt.

Satellitenkonstellation

Ebenso wie bei der Kreuzpeilung mit dem Kompass die Genauigkeit der Standortbestimmung davon abhängig ist, in welchem Winkel zueinander die angepeilten Orientierungspunkte liegen, so beeinflusst die Konstellation der genutzten Satelliten die Messgenauigkeit bei der „Kreuzpeilung" des GPS-

Geräts. Wenn die Orientierungspunkte für die Kompasspeilung sehr dicht beieinander oder gar auf einer Linie liegen, ist eine Positionsbestimmung nicht möglich oder sehr ungenau. Das gilt auch für das GPS: Das Gerät kann Satelliten in entsprechend ungünstiger Konstellation entweder überhaupt nicht für die Positionsbestimmung nutzen oder wenn es sie „so eben noch“ nutzen kann, ist ein Fehler von mehreren hundert Metern möglich.

Da insgesamt **24 Satelliten zur Verfügung** stehen, von denen sich gewöhnlich mindestens 6 über dem Horizont befinden, wird das Gerät bei freier Sicht fast immer genügend Satelliten in günstiger Konstellation finden, um diesen Fehler zu vermeiden. Lediglich wenn Berge, Felsen, Bäume oder sonstige Hindernisse das „Blickfeld“ des Geräts einschränken (s. o. „Abschattung“), können zeitweise nur Satelliten in ungünstiger Konstellation zur Verfügung stehen. Da die Satelliten ihre Position aber laufend verändern, kann es in solchen Fällen genügen, ein wenig abzuwarten, bis die Konstellation sich verbessert hat.

Die durch ungünstige Konstellation verursachte Fehlergröße wird als **Dilution of Precision** (DOP) oder **Position Dilution of Precision** (PDOP) bezeichnet. Da das Gerät die Satellitenkonstellation kennt, kann es die Größe dieses Fehlers berechnen. Bei günstiger Konstellation liegt der PDOP-Wert zwischen 1 und 3 – und die Messgenauigkeit um 15 m; bei einem PDOP zwischen 4 und 6 kann der Fehler zwischen einigen Dutzend und einigen hundert Metern liegen, und bei einem PDOP über 6 kann das Gerät keine Position mehr bestimmen.

Die meisten GPS-Geräte zeigen jedoch nicht den PDOP- oder DOP-Wert an, sondern den **Estimated Position Error** (EPE = geschätzter Positionsfehler in Metern oder Fuß), der durch eine ungünstige Satellitenkonstellation verursacht wird (andere Fehlerquellen bleiben unberücksichtigt!). Beachten Sie also bei der GPS-Navigation stets den angezeigten EPE-Wert, um diesen Messfehler abschätzen zu können.

Atmosphärische Bedingungen

Die vom GPS verwendeten Funksignale breiten sich mit Lichtgeschwindigkeit aus und diese Geschwindigkeit wird der Entfernungsberechnung zugrunde gelegt. Auf dem Weg durch die Atmosphäre der Erde werden die **Funkwellen jedoch geringfügig abgebremst.** Um dennoch möglichst genaue Werte zu erhalten, berücksichtigt das GPS-Gerät bei seinen Berechnungen die durchschnittliche Größe dieser Abbremsung. Da sich die atmosphärischen Bedingungen (und damit die „Bremswirkung") aber laufend verändern, bleibt dennoch eine geringe Ungenauigkeit, die bei der Positionsbestimmung einen Fehler von ca. 5–10 m verursachen kann. Dieser Fehler ist in der o. g. Genauigkeit von ca. 15 m bereits berücksichtigt.

Militärische Anwender benutzen daher Geräte, die zwei verschiedene Frequenzen (L1 und L2) empfangen können. Da unterschiedliche Frequenzen in der Atmosphäre auch unterschiedlich stark abgebremst werden, kann das Gerät aus den beiden unterschiedlichen Werten jederzeit die aktuelle Abbremsung berechnen und bei der Positionsbestimmung berücksichtigen. Diese Möglichkeit steht jedoch dem zivilen Nutzer beim NAVSTAR-System nicht zur Verfügung, da zivile Geräte den P-Code der zweiten Frequenz nicht empfangen können.

Da beim europäischen **GALILEO**-System zukünftig beide Frequenzen auch zivilen Anwendern zur Verfügung stehen, wird dieser Fehler für GALILEO-Nutzer eliminiert werden, wodurch sich der Positionsfehler auf weniger als 10 m verringert.

Signalablenkung (Multipath Interference)

Werden die Funksignale von Felswänden, Gebäuden o. Ä. reflektiert, so erreichen sie den Empfänger doppelt: auf dem direkten und dem reflektierten Weg. Diesen als **Multipath Interference** bezeichneten Fehler können bisher nur sehr teure Empfänger feststellen und berücksichtigen. Der Messfehler durch die Signalablenkung ist jedoch relativ gering (weniger als ein Meter) und bei der Positionsbestimmung kann man darauf achten, dass man sich nicht in der Nähe von Felswänden etc. befindet, die ihn verursachen könnten.

Weitere Minimalfehler

Geringe Fehler können auch durch die Schwankungen der Satellitenbahnen verursacht werden **(Ephemeris-Fehler).** Da die Bahndaten jedoch stets durch die Bodenstationen korrigiert und an die GPS-Geräte weitergeleitet werden, liegt dieser Fehler höchstens im Bereich von 1–2 m. Ein Fehler in ähnlich geringer Größenordnung kann durch minimale **Abweichungen der Atomuhren** bedingt werden. Beide Fehler sind ebenfalls in der o. g. Systemgenauigkeit bereits berücksichtigt.

2D-Modus

Hat der Empfänger nur Kontakt zu drei Satelliten, so arbeitet er nur im 2D-Modus (ohne Höhenangabe) und kann den Fehler der eingebauten Quarzuhr nicht ausgleichen (s. o. „Wie funktioniert GPS?“). Die Ungenauigkeit bei der Positionsangabe kann dann im **Kilometerbereich** liegen! Sinnvolle GPS-Navigation ist daher nur im 3D-Modus (mit vier Satelliten) möglich.

Selective Availability (SA)

Die genannte Systemgenauigkeit von 15 m stand dem zivilen Nutzer bis zum 2. Mai 2000 nicht zur Verfügung, da das amerikanische Verteidigungsministerium sie durch eine permanent variierende **Verfälschung der Signale,** die so genannte Selective Availability (SA, eingeschränkte Verfügbarkeit), reduzierte. Am 2. Mai 2000 wurde diese Signalverfälschung abgeschaltet. Und da GPS inzwischen für viele zivile Nutzungen (u. a. für den Flug- und Schiffsverkehr) eine sehr wichtige Rolle spielt, ist nicht damit zu rechnen, dass Selective Availability jemals wieder generell aktiviert werden wird. Es kann jedoch dazu kommen, dass die Signale für eine bestimmte Region vorübergehend wieder verfälscht werden. Bei **GALILEO** hingegen, das als rein ziviles System aufgebaut wird, sind solche Verfälschungen generell ausgeschlossen.

Position: Die SA war keine konstante Signalverfälschung (sonst hätte man sie ja leicht einkalkulieren können), sondern schwankte in unberechenbarer Weise: Einmal konnte sie nahe Null liegen, sodass man die exakte Position erhielt, im Extremfall konnte sie einen Fehler von mehreren hundert Metern bewirken. Solange die Selective Availability aktiviert war, lag die angezeigte Position zu 95 % der Zeit in einem Radius von 100 m um den

Was passiert, wenn das GPS abgeschaltet wird?
Theoretisch kann die US-Regierung die von den Satelliten ausgestrahlten CA-Signale für zivile Anwender jederzeit abschalten, sodass die Empfänger nutzlos wären. Die Wahrscheinlichkeit dafür ist jedoch gleich Null, da die zivile Nutzung u. a. im Flug- und Schiffsverkehr eine so große Rolle spielt, dass der Ausfall des Systems zu erheblichen Problemen führen würde. Es kann allerdings vorkommen, dass - wie im ersten Golfkrieg - die Satellitenbahnen verändert werden, sodass eine bestimmte Region eine bessere Abdeckung erhält - und eine andere dafür eine schlechtere. Ein Minimum von vier Satelliten zu jeder Zeit und über jedem Punkt der Erde wird jedoch garantiert und solange keiner davon durch Hindernisse abgeschattet wird, reichen diese vier für die GPS-Orientierung und -Navigation aus.

tatsächlichen Standpunkt (in den übrigen 5 % konnte sie bis zu 300 m davon entfernt liegen). Da diese Verfälschung permanent variierte, machte sie sich bei ruhendem Gerät dadurch bemerkbar, dass nicht konstant die gleiche Position angezeigt wurde, sondern die vom Gerät errechnete Position sich in einem Radius von 100 bis 300 m veränderte. Aufgrund dieser vorgetäuschten Positionsveränderung zeigte das Gerät dann auch folgerichtig eine Geschwindigkeit (von bis zu zirka 5 km/h) an, obwohl es nicht bewegt wurde.

Geschwindigkeit: Die Anzeige geringer Geschwindigkeiten (wie z. B. der eines Wanderers) war demzufolge bei aktivierter Selective Availability sehr unzuverlässig. Wenn die durch SA vorgetäuschte Bewegung in die gleiche Richtung verlief wie die tatsächliche Bewegung, wurden beide addiert, verlief sie entgegen der tatsächlichen Bewegungsrichtung, wurde sie davon abgezogen, sodass bei einem Tempo von beispielsweise 5 km/h im ersten Fall bis zu 10 km/h, im letzteren unter Umständen 0 km/h angezeigt wurden.

Seitdem diese Signalverfälschung abgeschaltet wurde, kann man davon ausgehen, dass die vom Gerät angezeigte Position nicht mehr als 10–15 m von der tatsächlichen Position abweicht und die angezeigte Geschwindigkeit auch bei langsamer Fortbewegung recht genau der tatsächlichen entspricht (unbehinderter Satellitenempfang vorausgesetzt!).

Richtungsfehler

Wird durch äußere Einflüsse eine ungenaue Position berechnet, so kann logischerweise auch die Kursrichtung zu einem gewählten Ziel nicht präzise sein. Da die Positionsbestimmung mit GPS heute jedoch nur sehr geringe Abweichungen aufweist, wird dieser Fehler nur dann spürbar, wenn man sich dem Ziel bis auf wenige hundert Meter genähert hat. Über größere Entfernungen ist der Einfluss des Positionsfehlers auf den Kurs zu gering. Ein Positionsfehler von 25 m ergibt auf 1 km Distanz einen Kursfehler von nur etwa 1,5° – und das entspricht gerade einmal dem Winkel, um den sich der Minutenzeiger der Uhr in einer Viertelminute bewegt!

Höhe: Wesentlich unzuverlässiger als die horizontale Positionsangabe war bei eingeschalteter SA die vertikale, also die Höhenangabe. Mit Abweichungen von ca. 100–150 m war GPS einem korrekt justierten barometrischen Höhenmesser weit unterlegen. Ohne SA liegt die Genauigkeit der Höhenanzeige nach Angaben der Gerätehersteller bei etwa 27 m und bei meinen eigenen Messungen ergaben sich sogar nur Fehler im Bereich von 3–15 m. Diese Genauigkeit ist erstaunlich und reicht nahe an die optimalen Resultate barometrischer Geräte heran. Zudem hat die GPS-Höhenmessung den entscheidenden Vorteil, dass sie nicht durch wetterbedingte Luftdruckschwankungen beeinflusst wird! Wenn man also unterwegs nicht oft Gelegenheit hat, den barometrischen Höhenmesser an Orten bekannter Höhe neu zu justieren, so wird die Höhenanzeige des GPS-Geräts (ohne Barometer!) u. U. sogar die zuverlässigere sein. Mit ihrer Hilfe kann man auch feststellen, welche Veränderungen der barometrischen Höhenanzeige durch wetterbedingte Luftdruckveränderungen (nicht durch Auf- oder Abstieg) verursacht wurden – und diese Information für die Wetterprognose nutzen.

Und schließlich bietet GPS die Möglichkeit, den barometrischen Höhenmesser an jedem beliebigen Ort nach Höhenangaben aus der Karte zu justieren: Man braucht nur den vom Gerät ermittelten Standort auf die Karte zu übertragen, um dort anhand der Höhenlinien die aktuelle Höhe über NN abzulesen. Ohne Karte kann man direkt die vom GPS-Gerät angezeigte Höhe einstellen.

Anwenderfehler

Zu weit größerer Ungenauigkeit als alle äußeren Bedingungen können – vermeidbare – Fehler des Anwenders selbst führen, wenn z. B. das falsche Kartendatum oder Koordinatensystem verwendet wird oder Koordinaten mit falscher Angabe der Hemisphäre eingegeben werden (siehe oben „Koordinatensysteme"). Oder auch ganz schlicht, wenn man sich beim Eingeben der Koordinaten nur einmal bei einer Ziffer vertippt!

Korrekturdaten für höhere Genauigkeit

Eine Messgenauigkeit im Bereich von 10–15 m ist zwar für Outdoor-Zwecke vollkommen ausreichend, es gibt jedoch Verfahren, diese Genauigkeit noch deutlich zu erhöhen.

Zu erwartende Genauigkeit der GPS-Position	
mit aktivierter SA	*± 100 Meter*
ohne SA	*± 15 Meter*
mit DGPS	*± 3-5 Meter*
mit WAAS/EGNOS	*± 1-3 Meter*

DGPS

Noch exaktere Positionsbestimmungen ermöglicht DGPS (wobei „D" für „differenzielle Korrekturen" steht), das Fehler durch (willkürliche und unvermeidbare) **Signalverfälschungen korrigiert.** Hierzu werden Informationen von einer Reihe ortsfester Referenzstationen genutzt. Diese Stationen vergleichen ständig die an ihrem Standort per GPS ermittelte mit ihrer tatsächlichen Position und errechnet daraus laufend die momentane Abweichung. Diese Differenz übermittelt sie per Funk über den Zusatzempfänger an das GPS-Gerät, das damit den Fehler automatisch korrigiert. So lässt sich eine Genauigkeit von 1–5 m erreichen.

Die Nutzung der terrestrischen DGPS-Signale war gebührenpflichtig; durch die satellitengestützten und kostenlos nutzbaren DGPS-Systeme EGNOS und WAAS sind sie inzwischen überholt.

EGNOS und WAAS

EGNOS (**E**uropean **G**eostationary **N**avigation **O**verlay), aktiv seit 2005, und WAAS (**W**ide **A**rea **A**ugmentation **S**ystem), aktiv seit 1999, sind zwei DGPS-Systeme, die beide vom Konzept her identisch sind – WAAS ist für Nordamerika zuständig, EGNOS für Europa. Sie arbeiten mit einer Kette von Referenzstationen auf der Erde, welche GPS-Positionsfehler (z. B. durch atmosphärische Einflüsse etc.)

Gültigkeitsbereich beachten!
Die Korrekturdaten sind stets nur für den Bereich gültig, für den sie errechnet wurden. Falls man in Gegenden unterwegs ist, wo es keine Bodenstationen gibt, oder falls man in Europa WAAS-Signale empfängt bzw. in Nordamerika EGNOS-Signale (was beides möglich ist), so wird die Positionsberechnung dadurch nicht verbessert, sondern u. U. sogar verschlechtert. Viele neuere Geräte können jedoch zwischen beiden Signalen unterscheiden und verwenden zur Positionsberechnung stets diejenigen Signale und Methoden, mit denen sie die höhere Genauigkeit erzielen. Die Software wird nach und nach dahingehend verbessert, dass sie von der ermittelten Position ausgehend selbstständig zwischen WAAS und EGNOS unterscheiden kann und nur die für das Gebiet, in dem sich das Gerät befindet, gültigen Korrektursignale verarbeitet. Es lohnt sich daher, regelmäßige Software-Updates zu machen. Im Zweifelsfalle kann man aber im Setup des Geräts auch den Empfang der WAAS-/EGNOS-Signale abschalten.

messen und daraus **Korrekturdaten errechnen.** Diese Korrekturen werden über Master-Stationen und geostationäre Satelliten verbreitet und können von vielen neueren Handgeräten empfangen und für die Positionsberechnung genutzt werden. Dadurch verbessert sich die Genauigkeit horizontal (Position) auf 1–2 m und vertikal (Höhe) auf 2–3 m.

Beide Systeme sind **kostenlos nutzbar.** Sie senden beide auf der gleichen Frequenz, auf der auch die NAVSTAR-Satelliten senden und können von WAAS-/EGNOS-fähigen Geräten empfangen und genutzt werden. Allerdings stehen die Satelliten relativ weit im Süden und sind daher in nördlichen Breiten nicht immer gut zu empfangen. Auf der Satelliten-Seite des GPS-Displays sind diese Satelliten bei Magellan-Geräten an der Buchstaben-Markierung „W“ zu erkennen, bei Garmin an einer Nummer über 32 (EGNOS-Satelliten an den Nummern 33, 37 und 39.)

- *Informationen zu WAAS:*
  http://gps.faa.gov/Programs/WAAS/waas.htm
- *Informationen zu EGNOS:*
  www.esa.int/EGNOS
- *WAAS und EGNOS:*
  www.kowoma.de/gps/waas_egnos.htm.

Grenzen und Risiken der GPS-Navigation

Moderne GPS-Geräte ermöglichen die Orientierung selbst in schwierigsten Situationen, in denen sogar Kompass, Karte und Höhenmesser zusammen nicht mehr weiterhelfen. Eine große Gefahr liegt jedoch darin, dass man sich **ganz auf diese Geräte verlässt** und dann vollkommen hilflos dasteht, wenn sie nicht oder nicht mehr funktionieren – etwa weil die Batterie erschöpft ist, weil die Emp-

004gp Abb.: rh

◀ *In solchen Schluchten kann das Gerät nicht immer genügend Satelliten empfangen.*

findlichkeit nicht ausreicht, wegen extremer Temperaturen oder mechanischer Defekte. Wer dann nicht Karte und Kompass dabei hat und damit umgehen kann, der ist im wahrsten Wortsinn verloren.

Außerdem brauchen die GPS-Empfänger direkten **„Sichtkontakt"** zu mindestens vier Satelliten, um sinnvolle Informationen zu liefern. Die Funksignale können zwar Wolken und dünne Hindernisse wie eine Zeltplane oder ein lichtes Blätterdach durchdringen, nicht aber sehr dichte Wälder oder gar Felswände, Berge etc. In solchem Gelände sind die Geräte u. U. nicht dazu in der Lage, ihre Position zu bestimmen.

Und selbst solange das Gerät perfekt funktioniert und optimalen Empfang hat, kann es Ihnen zwar jederzeit die Richtung zu Ihrem Ziel anzeigen – aber in den meisten Fällen **nicht den besten Weg** dort-

Günstige Empfangsposition finden

Die Satelliten-Seite der Geräte zeigt die momentane Position aller über dem Horizont befindlichen Satelliten in Echtzeit und in Relation zu den Himmelsrichtungen an, auch dann, wenn die Signale dieser Satelliten gerade nicht empfangen werden können, da ihre Bahndaten im Gerät gespeichert sind. Diese Funktion kann hilfreich sein, um im Gelände eine günstige Stelle für den Empfang der Signale zu finden. Manchmal genügt es auch abzuwarten, bis die Satelliten in eine günstigere Position gerückt sind.

hin. Den kennt nur die Landkarte! GPS ohne Landkarte lotst Sie stets in der Luftlinie zum nächsten Wegpunkt – auch wenn diese Richtung in einen Abgrund, einen Sumpf oder mitten durch einen See führt! Sie können den See zwar umgehen (wobei Ihnen jederzeit die momentane Richtung zum Ziel angezeigt wird), aber das GPS-Gerät kann Ihnen (sofern es nicht selbst eine Karte gespeichert hat) niemals anzeigen, in welcher Richtung Sie den See am besten umgehen.

Es ist daher dringend anzuraten, auf alle Touren Karte, Kompass und ggf. Höhenmesser mitzunehmen – auch zusätzlich zum GPS-Gerät!

GPS kann die Orientierung wesentlich erleichtern und für zusätzliche Sicherheit in schwierigen Situationen sorgen (z. B. bei schlechter Sicht oder fehlenden Orientierungspunkten), aber es soll keinesfalls die **traditionellen Orientierungshilfen** ersetzen. Die Übung im Umgang mit diesen Hilfsmitteln ist auch im GPS-Zeitalter Grundvoraussetzung für jede Wildnistour. In der Praxis wird man ohnehin die meiste Zeit entweder nur nach Sicht und Karte navigieren oder Kompass- und GPS-Navigation kombinieren, wobei dann wiederum die meiste Zeit nach Kompass gegangen und das GPS-Gerät nur zur Überprüfung von Standort und Kurs verwendet wird. **Reine GPS-Navigation** im Dauerbetrieb erfordert auf längeren Touren schlicht zu viele Batterien und ist nicht erforderlich. Lediglich auf ganz kurzen Touren wird man hier und da ausschließlich mit dem GPS im Dauerbetrieb navigieren.

Besonders groß wird das Risiko, wenn man sich im Vertrauen auf die Elektronik zu **Touren in Regionen mit erschwerter Orientierung** verleiten lässt, in die man sich ohne GPS nie vorgewagt hätte – z. B. in flache Wald- oder Wüstengebiete ganz ohne Orientierungspunkte. Wenn das Gerät dann unterwegs versagt, kann es selbst mit Kompass sehr problematisch werden, sein Ziel zu erreichen oder wieder zurückzufinden!

Ich habe mein GPS-Gerät auf allen Touren dabei, oft auch bei kurzen Spaziergängen (Holzabfuhrwege im heimischen Forst können durchaus tückisch sein!) – schon um im Umgang geübt zu bleiben. Aber ich war bisher noch nie zwingend auf das Gerät angewiesen, d. h. ich hätte stets auch ohne seine Hilfe zurückgefunden. Also doch nur eine Spielerei? Nein. Eben nicht. GPS soll die Navigation erleichtern und zusätzliche Sicherheit schaffen – nicht zu Risiken verleiten! Und wie man schon lange vor dem Zeitalter der Elektronik herausgefunden hat: Unverhofft kommt oft!

MULTI NAVIGATOR
BACKTRACK
COMPASS
DISTANCE
27.48 KM
3D
SILVA
sawmill
Kpg Gadong
BEAUFORT
Sungai Padas
Kpg Saliwangan
SIPITANG
TENOM
Kemabong
Kuala Tomani
Mahigan

GPS-Empfänger – die Hardware

Überblick

Heutige GPS-Handgeräte sind etwa so groß wie ein Handy und wiegen 90–260 g inklusive Batterien. Außerdem gibt es noch kleinere Armbandgeräte. Ein Batteriesatz reicht für mehrere Hundert Messungen bzw. im Dauerbetrieb für 12–36 Stunden je nach Gerät. Die Preise beginnen bei etwa 120 € und reichen bis über 700 €.

Die GPS-Grundfunktionen sind bei allen Geräten weitgehend identisch und ihre Leistungsfähigkeit unterscheidet sich nicht erheblich (Ausnahme: neue Modelle mit SiRF III Chipsatz, s. S. 64). Die Preisunterschiede werden in erster Linie durch den Leistungsumfang und vielfältige Zusatzfunktionen bedingt, die von Farbdisplay, Landkartendarstellung und Zusatzspeicher über einen integrierten elektronischen Kompass und Höhenmesser bis zur automatischen Routenberechnung reichen.

Neuere Geräte werden zunehmend kleiner, kompakter und leistungsstärker. Die Foretrex-Modelle von Garmin etwa sind kaum 80 g schwere Kompaktgeräte im Querformat, die wie eine Armbanduhr getragen werden und besonders interessant sind, wenn die Hände frei bleiben müssen. Da sie zudem sehr einfach zu bedienen sind, erweiterte Menüs bieten, große Ziffern und sinnvolle Automatik-Funktionen, eignen sie sich besonders als Trainingsgeräte für verschiedenste Laufsportarten. Rasche Fortschritte gibt es auch bei der Speicherkapazität, schneller USB-Datenübertragung und Kartendarstellung mit immer besseren Farbdisplays. So können selbst kleine GPS-Handgeräte im Zusammenspiel mit einer Kartensoftware wie MapSource „City Select“ (Garmin) oder MapSend DirectRoute (Magellan) als routingfähige Navigationssysteme auf dem Fahrrad, Motorrad oder im Auto dienen.

Antenne

Die Leistungsfähigkeit des GPS-Gerätes ist wesentlich auch von der Empfindlichkeit seiner Antenne abhängig (wie beim Radio). Jedes Gerät braucht „freie Sicht" auf die Satelliten. Zwar werden Wolken, Zeltplanen, lichter Wald und ähnliche dünne Hindernisse von den Signalen durchdrungen, nicht jedoch Berge, Gebäude etc. Leistungsfähige Geräte funktionieren meist auch unter Bäumen, aber in sehr dichtem Wald, in engen Canyons oder zwischen hohen Gebäuden kann jeder Empfänger den Kontakt verlieren.

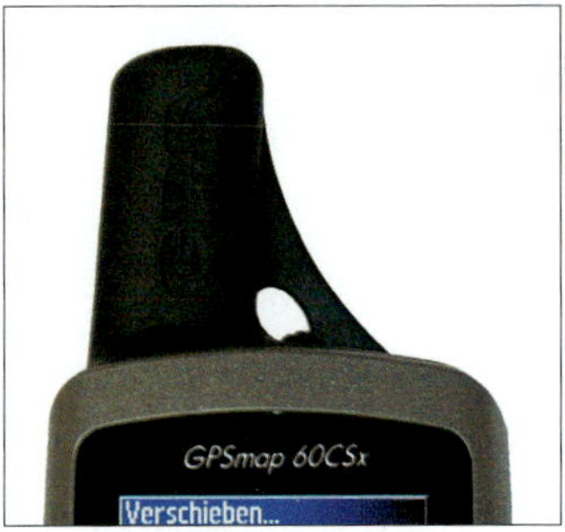

056gp Abb.: gm

▲ *Quadrifilar-Helix-Antenne*

Für GPS-Empfänger werden zwei Arten von Antennen verwendet:

- längliche **Quadrifilar-Helix-Antennen,** die außen angebracht sind, oder
- flache **Patch-(Microstrip)-Antennen,** die in das Gehäuse des Empfängers integriert sind.

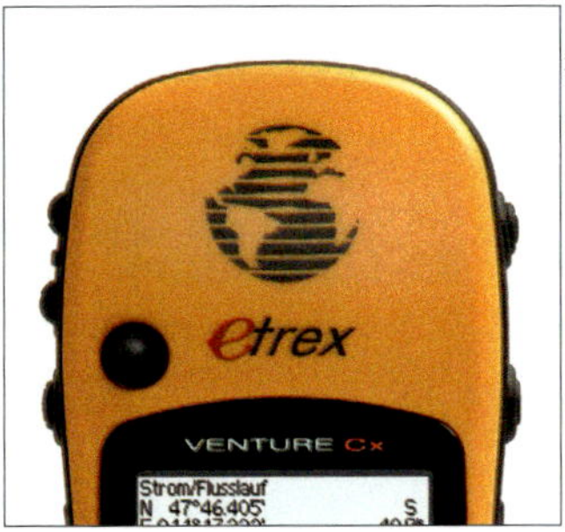

049gp Abb.: gm

▲ *Hinter dem Logo verbirgt sich die Patch-Antenne*

Außenantennen sind anfälliger für Beschädigungen und können die Signale direkt im Zenit befindlicher Satelliten schlechter empfangen. Dafür kann man sie schwenken, um besseren Empfang zu bekommen, und sie können die Signale von Satelliten direkt am Horizont empfangen. Integrierte **Flachantennen** sind besser geschützt und können die Signale von Satelliten im Zenit empfangen, nicht aber die von denen, die direkt am Horizont stehen.

GPS-Empfänger

Antennen im Vergleich

Bei meinen Erfahrungen mit inzwischen rund 15 unterschiedlichen GPS-Handgeräten von vier verschiedenen Herstellern konnte ich keine erheblichen Unterschiede in der Leistungsfähigkeit der Antennen feststellen und hatte den Eindruck, dass auch die Antennen günstiger Einsteigermodelle nicht weniger leistungsfähig sind als diejenigen teurerer Geräte. Hierbei ist allerdings zweierlei zu beachten:

Erstens lassen sich solche Unterschiede wohl nur durch Testreihen mit exakten Messungen ermitteln. Solche Informationen können Sie in Fachzeitschriften und in Internet-Foren finden (s. Anhang).

Zweitens spielt für die Empfangsqualität nicht nur die Antenne, sondern auch der Chipsatz eine entscheidende Rolle (s. Kapitel „Empfänger" S. 64)

Aus den Angaben der Hersteller (z. B. Dauer einer Positionsermittlung bei Kalt- und Warmstart) lässt sich die Empfindlichkeit der Antennen jedenfalls nicht zuverlässig ableiten. Direkte Vergleiche sind nur im praktischen Versuch möglich. Um beim Kauf eine Entscheidung treffen zu können, müssten Sie verschiedene Geräte im Freien einschalten und ihre Signalstärkebalken unter verschiedenen Bedingungen (freie Sicht, Abschattung) vergleichen.

Am hilfreichsten dürften daher praktische Erfahrungen im Bekanntenkreis, Tests von Fachzeitschriften und Internet-Foren sein.

Geräte mit Patch-Antenne sollten für einen optimalen Empfang flach gehalten werden, Geräte mit Helix-Antenne eher aufrecht, was sich nicht immer ganz gut mit einem elektronischen Kompass verträgt, für dessen Funktionieren das Gerät u. U. flach zu halten ist.

Hinsichtlich der **Leistungsfähigkeit** konnte ich zwischen beiden Typen keinen wesentlichen Unterschied feststellen, hatte jedoch den Eindruck, dass Helix-Antennen weniger lageabhängig sind als Patch-Antennen: Ob vertikal, horizontal oder schräg – der Empfang war stets erstaunlich gut. Allerdings darf man nicht vergessen, dass die Qualität des Empfangs nicht nur von der Antenne abhängt, sondern auch vom Chipsatz (s. Kapitel „Empfänger“, S. 64).

Außen angebrachte Antennen haben den Vorteil, dass man sie manchmal mit einem einfachen Koaxialkabel verlängern kann (z. B. um das Gerät im Fahrzeug zu verwenden). Geräte mit integrierter Antenne haben dafür meist – aber nicht immer – einen **Anschluss für eine Außenantenne,** die man dann mit einem Magnetfuß auf dem Fahrzeugdach befestigen kann.

Kanäle

Man unterscheidet **Multiplexing-Empfänger** mit 1–3 Kanälen und **Parallel-Empfänger** mit 5–12 Kanälen. Heutige Geräte sind fast alle mit 12-Kanal-Parallel-Empfängern ausgestattet, die bis zu 12 Satelliten gleichzeitig (parallel) verfolgen. Es gibt auch schon Empfänger mit 14 und 16 Kanälen, was aber bisher kaum zusätzliche Leistung bringt, da nur selten mehr als 12 Satelliten gleichzeitig über dem Horizont stehen. Dies kann sich mit dem europäischen System GALILEO ändern, wenn es die Möglichkeit, bietet Satelliten aller drei Systeme (GALILEO, NAVSTAR und GLONASS) parallel zu nutzen.

Zwar nutzt jedes Gerät alle verfügbaren Satelliten (auch ältere Multiplexing-Geräte), doch wenn sie weniger Kanäle besitzen als Satelliten empfangen werden können, so kann es nicht alle gleichzei-

053gp Abb.: ma

▲ *Der eXplorist 210 EUROPA von Magellan verfügt über einen 14-Kanal-Empfänger*

tig empfangen, sondern schaltet ständig zwischen den einzelnen Satelliten hin und her. Parallel-Empfänger hingegen können alle Satelliten gleichzeitig (parallel) verfolgen und sind daher schneller und vor allem unter schwierigen Empfangsbedingungen vorteilhaft. Geht der Kontakt zu einem Satelliten verloren (etwa weil er durch einen Baum verdeckt wird), können sie sofort die Signale eines anderen Satelliten nutzen, während ältere Multiplexing-Empfänger zuerst auf einen neuen Satelliten umschalten und dessen Daten verarbeiten mussten. Wurde in diesem Moment auch der nächste Satellit kurzfristig durch ein Hindernis verdeckt, war es möglich, dass das Multiplexing-Gerät überhaupt keine Position ermitteln konnte. Die Genauigkeit der Parallel-Empfänger ist nur geringfügig besser; ihr Vorteil wird jedoch bei Bewegung und Hindernissen (z. B. im Wald) spürbar.

Empfänger (Chipsatz)

SiRF
ist der Name der Firma SiRF Technology, die Halbleiter und Software zur Standortbestimmung entwickelt, zugleich aber auch die Bezeichnung für die von dieser Firma hergestellten Chipsätze zum Empfang von GPS-Positionsdaten.

Für die Leistungsfähigkeit des Satellitenempfangs spielt neben der Antenne vor allem der verwendete Empfänger (Chipsatz) eine ganz entscheidende Rolle – und hier sind nach meinen Erfahrungen erheblich größere Leistungsunterschiede feststellbar als bei den Antennen. Neu auf dem Markt (und z. B. in den Garmin-Geräten Forerunner 205/305, Edge 205/305, GPSmap60C(S)x und GPSmap76C(S)x bereits eingebaut) ist die dritte Generation von ↗**SiRF-Empfängern:** der **SiRFstar III.** Dieser neue Chipsatz ist um ein Vielfaches empfindlicher, leistungsstärker und schneller als die bisherige Generation und bedeutet einen wahren Quantensprung in der GPS-Technologie. Er arbeitet auch unter sehr schwierigen Bedingungen (dichtester Wald, enge Täler etc.) noch problemlos, wo Outdoorgeräte bisher nur noch ungenaue Ergebnisse lieferten oder überhaupt keinen Empfang mehr hatten. Außerdem ermittelt er die Position deutlich schneller als bisherige Empfänger: Unter optimalen Bedingungen nach weniger als einer Sekunde – also praktisch mit dem Einschalten des Geräts.

Speicher

Wie beim Computer, so ist auch beim GPS-Gerät der Speicher von großer (und zunehmender!) Bedeutung. Wer nur seine Position bestimmen und zu gespeicherten Wegpunkten navigieren will, der kann sich mit einem Minimum begnügen. Wer hingegen zahlreiche Routen und Tracks in seinem Gerät speichern will, der braucht schon etwas mehr. Und wer zudem Landkarten und weitere Informationen auf sein Handgerät laden will, der kann gar nicht zu viel davon haben.

Dabei unterscheidet man nach ihrer Bauart:

- **interne** Speicher, die fest in das Gerät eingebaut sind und die man in fast allen neuen Modellen findet;
- **externe** Speicher: auswechselbare **Speicherkarten** (s. u.), wie man sie auch in Digitalkameras etc. verwendet und die derzeit nur in Modelle der oberen Preisklasse eingesetzt werden können.

Und nach Art der Nutzung:

- **Datenspeicher** für Wegpunkte, Routen und Tracks;
- **Landkartenspeicher,** die es gestatten, spezielle Vektorkarten (s. S. 222) direkt auf das Handgerät zu laden.

Dabei können interne und externe Speicher für Daten und Landkarten gleichermaßen genutzt werden oder man kann „sortiert" die Daten intern und Landkarten extern speichern.

Datenspeicher

Da aufgezeichnete Wegpunkte, Routen und Tracks weit weniger Speicherkapazität verlangen als ganze Landkarten, ist hierfür der interne Speicher ausreichend. Dennoch gibt es unterschiedliche Varianten (s. Exkurs „Gemischt oder sortiert?)

Der **interne Datenspeicher** der Standard-Modelle fasst etwa 500 Wegpunkte, 20 Routen und 10 Tracks. Bei teuren Modellen sind es mehr als doppelt so viel: 1000 Wegpunkte, 50 Routen und 20 Tracks (wobei die einzelnen Routen und Tracks zudem länger sein können). Selbst die **Kapazität der einfachen Modelle** reicht meist für mehrwöchige Touren aus. Erreicht man die Grenze, so muss man Wegpunkte, Routen und Tracks entweder löschen – oder einfach auf dem Computer zwischenspeichern, um sie für spätere Touren wieder auf das Gerät zu laden (s. Kap. „GPS und digitale Landkarten").

Daten gemischt oder sortiert?

Generell gibt es zwei verschiedene Lösungen der Speicherverwaltung. Bei Garmin arbeitet man hübsch sortiert: Daten und Karten werden nicht gemischt. Die Daten landen stets auf dem internen Speicher, die Landkarten auf einem externen oder einem separaten internen Speicher. So gibt es kein „Durcheinander". Die Magellan-Geräte der eXplorist-Serie hingegen speichern beides gemischt ab - egal ob intern oder extern. So kann man die Kapazität maximal ausnutzen. Nach dem Aufspielen von Karten sollte man sich jedoch stets vergewissern, dass noch genügend Platz für Wegpunkte, Routen und Tracks frei ist. Sonst kann es passieren, dass sich unterwegs überhaupt keine Wegpunkte, Routen oder Tracks mehr speichern lassen, wenn man schon die volle Kapazität für die Landkarte verbraucht hat.

Landkartenspeicher

Interne Landkartenspeicher bieten bereits Geräte der mittleren Preisklasse um 200 € (z. B. Garmin Legend und Magellan eXplorist 210), ihre Größe ist jedoch dem Preis entsprechend mit ca. 8–16 MB noch knapp. Die Kapazität interner Landkartenspeicher reicht derzeit bis zu 115 MB beim Garmin GPSmap76C.

Um eine Vorstellung vom **Speicherbedarf der digitalen Karten** zu vermitteln: Für den Schwarzwald benötigt man etwa 6 MB, für ganz Baden-Württemberg ca. 35 MB. Will man zusätzlich noch Straßenkarten für die Anreise speichern, so kann man selbst bei einem großen internen Speicher rasch an die Grenzen der Kapazität stoßen. Anderseits können schon 4–8 MB völlig ausreichen, um das Kartenmaterial für eine mehrwöchige Wanderung abzuspeichern. Hat man die Grenze ausgereizt, muss man für die nächste Tour den Kartenspeicher löschen und andere Karten laden.

▲ *32-MB-Speicherkarte von Garmin*

Externer Speicher (Speicherkarten)

Praktisch unbegrenzte Speicherkapazität bieten wechselbare Speicherkarten (wie TransFlash-, SD-, MMC- oder CF-Karten) mit einer **Kapazität von derzeit bis zu 1 GB,** auf die man das komplette Kartenmaterial von ganz Mittel- und Südeuropa laden kann. Und sollte das immer noch nicht ausreichen, so steckt man einfach für die Fernreise zum Nordkap eine weitere Karte ins Gerät.

Basiskarten

Auf den internen Speichern der meisten neueren Geräte der mittleren bis oberen Preislage sind bereits recht **detaillierte Basiskarten (Basemaps) von ganz Europa fest installiert,** die neben Ländergrenzen, Meeren, Seen und Flüssen selbst kleinere Orte und nahezu das komplette Straßennetz (zumindest aber größere Orte und Hauptverbindungsstraßen) anzeigen. Näheres dazu s. S. 233.

055gp Abb.: gm

056gp Abb.: gm

▲ *Besonders bei topografischen Karten sind die Vorteile eines Farbdisplays deutlich zu sehen*

Display

Zu Beginn der GPS-Zeit (also Mitte der 1990er Jahre!) hatten die Geräte lediglich ein **Ziffern-Display,** das die Koordinaten des Standpunktes anzeigte. Moderne Geräte hingegen verfügen fast ausnahmslos über ein **grafisches Display.** Das LCD (= **L**iquid **C**rystal **D**isplay) ermöglicht die Darstellung vielfältiger Funktionen wie Richtungspfeile, Routenskizzen und inzwischen sogar schon von Landkarten.

Bei den ersten grafischen Displays musste man sich noch mit Gameboy-Qualität zufrieden geben, aber in den letzten Jahren wurden spürbare Fortschritte gemacht. Die **Bildauflösung** wird in Bildpunkten (= Pixel) angegeben Diese Bildpunkte sind bei genauem Hinsehen oder mit der Lupe erkennbar. Je mehr Pixel bei gleichen Abmessungen, desto hochauflösender ist das Display und desto klarer das Bild. Vor allem bei Modellen mit Kartendarstellung ist auf eine hohe Auflösung zu achten.

Während es anfangs nur Schwarz-Weiß-Displays gab, werden heute zunehmend auch Geräte mit **Graustufen-Displays** und **Farb-Displays** angeboten. Für die reine GPS-Arbeit sind SW- oder Graustufen-Displays völlig ausreichend; Farbdisplays (256 Farben, ↗TFT) sind insbesondere dann hilfreich, wenn das Gerät auch Landkarten darstellen soll.

Nicht nur für den Einsatz bei Dunkelheit, sondern auch bei sehr hellem Sonnenlicht, haben die meisten Displays eine **Hintergrundbeleuchtung** *(back light)*, deren Leuchtdauer und -stärke vom Benutzer eingestellt werden kann. Da die Beleuchtung ein Stromfresser ist, sollte sie recht sparsam verwendet werden.

TFT
(englisch: thin-film transistor) ist ein spezieller Dünnschichttransistor, mit dem so genannte Aktiv-Matrix-LCDs hergestellt werden, die schnellere Schaltzeiten, mehr Kontrast und bessere Farbwiedergabe bieten.

Etwas problematisch können u. U. **Spiegelungen** auf der Oberfläche des Displays sein, die sich jedoch nicht vermeiden lassen, denn eine Entspiegelung des Bildschirms würde die Brillanz und die Hintergrundhelligkeit (reflektiv) stark schwächen.

Die üblichen LCDs vertragen zwar große Hitze, haben aber den Nachteil, dass sie **kälteempfindlich** sind. Bei Temperaturen zwischen –10 und –20 °C reagieren sie träge und verblassen schließlich ganz; bei Temperaturen zwischen –20 und –40 °C (je nach Gerät) gefrieren die Flüssigkristalle und werden irreparabel beschädigt. Zifferndisplays (= alphanumerische Displays) bewähren sich bei Kälte besser als grafische Displays. Das alphanumerische Display des Silva Multi-Navigator z. B. funktioniert nach Herstellerangaben bis minus 25 °C.

Kauftipp Display
Um die Qualität des Displays beurteilen zu können, reicht es nicht, es im Geschäft einzuschalten. Man muss es auch bei hellem Sonnenlicht überprüfen, um festzustellen, ob Brillanz und Helligkeit ausreichen.

Für Touren bei starkem Frost sollte man nicht nur ein Gerät mit möglichst kälteresistentem Display wählen, sondern es zudem unterwegs in einer Innentasche nah am Körper tragen und nur zur Navigation kurz herausnehmen. Dann reagiert erstens das Display schneller und zweitens schont man die Batterien.

Praxiserfahrung

Auf einer mehrwöchigen Ski- und Hundeschlittentour im kanadischen Yukon Territory bei anhaltenden Temperaturen von bis zu -45 °C habe ich ein Garmin eTrex-Modell benutzt, das ich zwar nach Möglichkeit am Körper und nachts in einem Isolierbehälter vor extremster Kälte geschützt habe, was aber nicht immer ganz konsequent möglich war. Um so mehr war ich überrascht, dass das Display die Tour schadlos überstand und zudem stets eine klare und gut lesbare Anzeige lieferte.

057gp Abb.: rh

▶ *Navigation mit Karte und GPS auf einer Schlittentour im kanadischen Yukon Territory*

Tastatur

Die Tastatur des GPS-Geräts dient dazu – ähnlich wie beim Computer –, Informationen (z. B. Koordinaten) in das Gerät einzugeben, dem Programm Befehle zu erteilen und einzelne Funktionen aufzurufen. Um die Anzahl der Knöpfe (und damit den Platzbedarf) in Grenzen zu halten, ist meist nur **einigen wichtigen Funktionen eine eigene Taste zugeordnet** (z. B. „GoTo" oder „Position speichern").

Andere Funktionen und Befehle können ähnlich wie beim PC mit einer **Pfeiltaste aus einer Menü-Liste** ausgewählt (Scrolling) und per Enter-Taste aktiviert werden. Auch Ziffern und Buchstaben werden so eingegeben. Meist sind die Tasten ober- oder unterhalb des Displays angeordnet – bei den kleinsten Geräten, wie z. B. den eTrex-Modellen von Garmin an der Schmalseite neben dem Display, um Platz zu sparen. Zum **Scrollen** dient eine Wipptaste oder ein Mini-Joystick.

▼ Typische Tastatur mit 8 Knöpfen und Wippschalter

056gp Abb.: gm

Etwas mehr Tasten mit spezifischen Funktionen machen die Bedienung komfortabler und schneller als eine ganz spartanische Ausstattung, an die man sich aber mit etwas Übung auch gewöhnt. Für Modelle mit Kartendarstellung sind zwei eigene Tasten für „Zoom in" und „Zoom out" sehr hilfreich. Nachts kann eine **Tastaturbeleuchtung** angenehm sein, aber im Normalfall hat man dann auch die Stirnlampe zur Verfügung.

Tastatur im Wintereinsatz

Wenn Sie das Gerät auch in kalten Regionen nutzen wollen, sollten Sie beim Kauf darauf achten, ob sich die Tastatur auch mit Handschuhen bedienen lässt. Sonst muss man sie bei Kälte mit einem Bleistift o. Ä. bedienen.

Gehäuse

Die Gehäuse heutiger Outdoorgeräte sind robust und bestehen aus schlagfestem Kunststoff, sodass sie gewöhnlich keinen Schaden nehmen, wenn sie einmal auf den Boden fallen. Zusätzliche Gummiarmierungen mit Noppen oder Riffelung sorgen dafür, dass sie auch bei Nässe griffig sind und „Abstürze" vermieden werden.

Bestandteile des Gehäuses

Zoom-Tasten („IN" & „OUT")
- *Vergrößern/ Verkleinern des Kartenmaßstabs*
- *Scrollen in den Menü-Listen*

Helix-Antenne

Ein-/Aus-Taste
- *Ein-/Ausschalten des Geräts*
- *Einstellen der Bildschirmbeleuchtung*

Farb-Display
- *Anzeige von Koordinaten, Richtungspfeil, Karten, Menüs etc.*

056gp Abb.: gm

FIND/MOB-Taste
- *Öffnet Wegpunkt-Suchmenü (kurz drücken)*
- *Aktiviert MOB*-Funktion (lang drücken)*

Wipp-Taste
- *Auswahl (Scrollen) von Menüs, Funktionen, Befehlen*
- *Verschieben des Cursors auf der Karte bzw. des Kartenausschnitts*

MARK-Taste
- *Speichert die aktuelle Position als Wegpunkt*

PAGE-Taste
- *Blättert durch die Hauptseiten (kurz drücken)*
- *Schaltet Kompass ein und aus (lang drücken)*

QUIT-Taste
- *Beenden des momentanen Menüs*
- *Abbruch der Dateneingabe*

MENU-Taste
- *Öffnet die Optionen einer Seite (kurz drücken)*
- *Öffnet Hauptmenü (2 x drücken)*

ENTER-Taste
- *Aktivieren der ausgewählten Option*
- *Bestätigen von Eingaben und Meldungen*

**MOB (Man Over Board) Funktion - speichert einen Wegpunkt und steuert ihn sofort an*

Wasserdichtheit

Da die GPS-Geräte ursprünglich aus dem Bootssport kommen, sind sie meist gut gegen Nässe geschützt. Manche sind absolut wasserdicht und schwimmen sogar, wenn sie ins Wasser fallen (Garmin GPS72-Modelle), andere (z. B. Silva Atlas) sind nur gegen Spritzwasser geschützt. Nicht nur auf Kanutouren, sondern auch auf Wanderungen ist ein guter **Nässeschutz** empfehlenswert, damit man die Geräte selbst bei heftigem Regen ohne Bedenken herausnehmen kann.

Im Zweifelsfall hilft eine gute Schutztasche, in der das Gerät gegen Regen und Spritzwasser geschützt ist, aber trotzdem betrieben werden kann. Einige Firmen (z. B. Relags) bieten solche **Schutztaschen** sogar mit wasserdichtem Verschluss. Die Wasserdichtheit der Geräte wird nach dem IPX-Standard angegeben (s. Exkurs S. 82).

▼ *In solchen Fällen ist Wasserdichtheit für das GPS ein Muss*

058gp Abb.: rh

Stromversorgung

Die meisten gängigen GPS-Geräte werden von zwei (manche von vier) Mignonzellen (AA) gespeist – Kompaktmodelle wie Garmin Geko und Foretrex sogar von Micro-Zellen (AAA). Sie können damit ca. 12–36 Stunden betrieben werden. Wenn man für eine Messung 5 Minuten ansetzt (was sehr reichlich bemessen ist), so entspricht dies etwa 144 bis 432 Einzelmessungen. Bei 20 Messungen pro Tag kann man also mit einem Batteriesatz ca. 7 bis 21 Tage lang arbeiten. Im Dauerbetrieb sollte man einen Batteriesatz für 1–2 Tage kalkulieren.

Beachten Sie jedoch, dass die Standzeiten vom Typ der Batterie, der Temperatur und anderen Faktoren abhängig sind und dass die Herstellerangaben sich oft auf günstige Bedingungen im Stromspar-Modus (s. S. 128 „System-Menü“) beziehen. Sicherheitshalber sollte man immer mindestens einen **Satz Reservebatterien** mitnehmen.

Bei normalen **Temperaturen** bieten Alkaline-(Alkali-Mangan-)Batterien ein gutes Preis-Leistungs-Verhältnis. Lithium-Batterien sind zwar deutlich teurer, aber umso mehr zu empfehlen, je tiefer die Temperaturen sind. Auf Wintertouren bei Kälte bis zu –45 °C haben sie sich bestens bewährt. Sie funktionieren auch bei extremer Kälte, haben eine deutlich höhere Lebensdauer (bei Kälte bis zu sechsfach!) und halten auch bei normalen Temperaturen deutlich länger als Alkaline-Batterien.

Memoryeffekt

Wenn nicht ganz entladene Akkus neu aufgeladen werden, kann der Memoryeffekt dazu führen, dass sich ihre Kapazität drastisch reduziert.

Verwendet man Akkus, so sind Nickel-Metall-Hybrid-Modelle (NiMH) gegenüber Nickel-Cadmium (NiCad) zu bevorzugen, da sie kein giftiges Schwermetall enthalten, eine 50 % höhere Kapazität bieten und praktisch keinen ↗Memoryeffekt haben.

Plötzlicher Ausfall

Die Anzeige des Batterieladezustands ist bei den meisten GPS-Geräten auf Alkali-Batterien eingestellt. Da Lithium-Batterien eine lange Standzeit haben, aber dann gegen Ende ihrer Kapazität rasch abfallen, kann es geschehen, dass der Empfänger ganz plötzlich ausfällt, noch ehe man der Anzeige nach damit rechnet. Einige Geräte (wie GPSmap 60CSx und eTrex VentureCx) bieten jedoch auch die Möglichkeit, im Menü die entsprechende Einstellung für Lithiumbatterien vorzunehmen.

Außerdem ist bei Akkus zu beachten, dass sie sich beim Lagern weit stärker selbst entladen als Batterien (um 20–30 %!).

Wenn sich das GPS-Gerät **mit unterschiedlichen Spannungen** betreiben lässt, bietet dies den Vorteil, dass man es z. B. auch an den Akku einer Videokamera o. Ä. anschließen kann. Viele GPS-Empfänger besitzen einen Eingang für den Anschluss an eine **externe Stromquelle,** sodass man sie z. B. im Fahrzeug über den Zigarettenanzünder mit Strom versorgen kann.

Beim Auswechseln der Batterien gehen keine Daten verloren, da das Gerät einen Flash-Speicher besitzt, der bei leeren oder fehlenden Batterien die gespeicherten Daten sichert.

Informationen *zu Stromsparmodus und anderen Batterie-Einstellungen finden Sie auf S. 128/129.*

Tipps

- *Reservebatterien im Winter am Körper tragen.*
- *Stets nur Batterien gleicher Art, gleichen Ladestands und gleichen Alters gleichzeitig verwenden.*
- *GPS-Gerät nur bei Bedarf einschalten und ggf. im Sparmodus betreiben.*

Computerschnittstelle

Das Angebot an **digitalen Landkarten auf CD-ROM** ist relativ neu, wächst aber rapide – auch topografische Karten in verschiedenen Maßstäben sind inzwischen für ganz Deutschland, die USA und viele andere Länder erhältlich. Die Betrachter- (und teilweise auch Bearbeitungs-) Software wird gewöhnlich auf der CD-ROM mitgeliefert. **Software für die Übertragung von Daten** (Wegpunkte, Routen, Tracks) zwischen Computer und GPS-Gerät oder umgekehrt wird teils von den Herstellern der GPS-Geräte angeboten oder gleich mitgeliefert (z. B. der Garmin Trip & Waypoint-Manager, der neueren Geräten komplett mit Datenkabel beiliegt) teils auch von anderen Software-Firmen. In letzterem Falle darauf achten, dass die Software mit dem GPS-Gerät und der digitalen Karte kompatibel ist. (Näheres dazu s. Kap. „GPS und digitale Landkarten".) Mit Karten auf CD-ROM, der Software und einem **Kabel zwischen PC und GPS-Gerät** kann man die Tour am Computer höchst komfortabel planen, Wegpunkte per Mausklick erzeugen und die fertigen Routen in den Speicher des GPS-Geräts überspielen.

Wer ein neues GPS-Gerät kauft, sollte deshalb unbedingt darauf achten, dass es eine Computerschnittstelle besitzt. Praktisch alle neuen Geräte sind heute mit einer **I/O-Schnittstelle** (input/output) ausgestattet, sodass man sie direkt an den Computer anschließen kann. Mit entsprechender Software und digitalisierten Karten können Sie dann Wegpunkte und ganze Routen mühelos am PC erstellen und auf das GPS-Gerät übertragen oder umgekehrt: unterwegs erstellte Routen oder aufgezeichnete Wegstrecken auf den PC übertragen und abspeichern. Für eine problemlose Kommunikation zwischen Computer und GPS-Gerät sorgt der von der National Marine Electronics Association (NMEA) festgesetzte Standard.

Sollen nur Wegpunkte, Routen und Tracks übertragen werden, so reicht ein **serieller Anschluss zum COM-Port;** für die Übertragung von Landkarten ist wegen der großen Datenmengen ein **USB-Anschluss** zu empfehlen, da es sonst u. U. Stunden dauert, bis die Karten überspielt sind.

Elektronischer Kompass und Höhenmesser

Fast alle Hersteller bieten inzwischen eine wachsende Auswahl von GPS-Geräten, in die ein elektronischer Kompass und/oder ein barometrischer Höhenmesser eingebaut sind. Beides ist nicht zwingend erforderlich, erhöht aber fraglos den Komfort und die Funktionalität der Geräte (Mehrkosten ca. 70–90 €).

Während herkömmliche Geräte den Kurs zu einem ausgewählten Ziel systembedingt nur während der Bewegung anzeigen können (bezogen auf die Bewegungsrichtung), sind Empfänger mit **elektronischem Kompass** in der Lage, dies auch im Stillstand zu tun, indem sie die magnetische Nordrichtung als Bezugsrichtung verwenden. Das heißt, dass man bei der Navigation sofort die korrekte Richtung zum Ziel angezeigt bekommt – und nicht zunächst „blind" einige Schritte in die vielleicht ganz verkehrte Richtung gehen muss, ehe das Gerät die tatsächliche Richtung

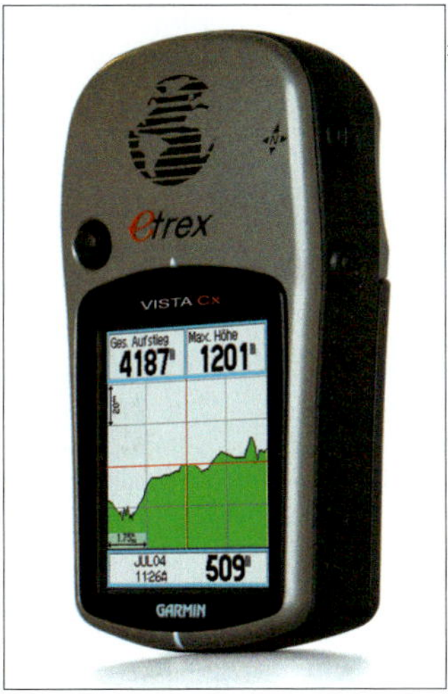

059gp Abb.: gm

▲ *Geräte mit Höhenmesser zeigen Höhenprofile an*

zum Ziel weist. Dies ist denn auch seine Hauptfunktion. Der elektronische Kompass ermöglicht zwar auch einfache Peilungen zum Ermitteln und Speichern eines Kurses (s. Kapitel „Sight'n'Go-Navigation", S. 185), gestattet aber keinerlei Kartenarbeit und kann daher den Lineal- oder Spiegelkompass keinesfalls ersetzen. Da er zudem sehr viel Strom zieht, ist er für gewöhnlich abschaltbar – und manche Geräte tun dies (nach auswählbaren Vorgaben) sogar automatisch.

Der **barometrische Höhenmesser** hat den Vorteil, dass er (korrekt justiert) auch ohne Satellitenempfang eine präzise Höhe anzeigt und in der Regel genauere Höhenprofile erstellt als ein GPS-Track.

Außerdem bieten diese Zusatzgeräte eine ganze Reihe weiterer zum Teil recht nützlicher und komfortabler Funktionen, z. B. automatischen Ausgleich der Missweisung, Höhenprofil, Höhenspeicherung, Barometer, Wetterprognose etc.

Weitere Informationen zu elektronischem Kompass und Höhenmesser (Kalibrierung, Funktionen, Möglichkeiten) finden Sie im Kapitel „Vor dem Start" auf S. 135f.

Kardanischer Kompass

Magellan-Modelle bieten einen so genannten kardanischen Kompass, der in jeder Lage funktioniert, unabhängig davon, wie man das Gerät hält. Der Kompass in den Garmin-Modellen hingegen kann die Nordrichtung nur ermitteln, wenn man ihn einigermaßen waagerecht hält. Manche Nutzer haben Bedenken, dass dies bei Modellen mit Helix-Antenne (z. B. GPSmap 60CS) zu Problemen führen könnte, da die Helix-Antenne für optimalen Satellitenempfang eine eher aufrechte Position erfordert. Ich konnte jedoch bislang selbst unter schwierigen Empfangsbedingungen keine Einschränkungen feststellen.

Zubehör

Wer GPS nur im Outdoor-Bereich nutzen will, braucht nichts weiter als das GPS-Handgerät. Für bestimmte Anforderungen oder Bedingungen kann jedoch das eine oder andere Zubehör nützlich sein.

Halterung

Für die **Befestigung** am Fahrrad, Motorrad, Boot, Schneemobil oder im Fahrzeug bieten viele Hersteller eine Halterung an, die sich so drehen und schwenken lässt, dass man das Display optimal im Blickfeld hat. Dabei ist zu beachten, dass man das Gerät stabil darin fixieren, es aber auch rasch herausnehmen kann, wenn man z. B. das Fahrrad abstellt oder das Gerät aus dem Auto mit auf die Wanderung nehmen will. Besonders auf dem Fahrrad ist es außerdem wichtig, dass man den Empfänger in einer Position montiert, in der er möglichst wenig durch den Körper abgeschattet wird – sonst wird u. U. eine Zusatzantenne (s. u.) erforderlich.

060gp Abb.: rh

▲ *Für praktisch jedes Handgerät gibt es auch verschiedene Halterungen zur Befestigung auf dem Fahrrad etc.*

Auf dem **Mountainbike oder dem Motorrad** müssen Geräte und Halterungen extremer Beanspruchung standhalten. Die Serienhalterungen der Gerätehersteller (zur Befestigung dient oft nur ein kleiner Stift im Gerätegehäuse) sind diesen Belastungen nicht gewachsen – und bei einer Beschädigung muss evtl. das ganze Gehäuse oder sogar das komplette Gerät ausgewechselt werden. Spezielle Halterungen und weiteres Zubehör für starke Beanspruchung auf Motorrad und Mountainbike liefert die Firma Touratech (s. Exkurs). **Softcase-Halterungen** mit Elastik- und Klett-Fixierungen eignen sich allenfalls für gemütliche Spazierfahrten auf glattem Asphalt.

Zusatzantenne

Die Handgeräte für Outdoor-Zwecke können auch im Auto benutzt werden, um z. B. den Weg zum Wanderpfad, zur Einsetzstelle oder den Einstieg zur Kletterroute zu finden. Direkt hinter der Windschutzscheibe installiert, können die Satellitensignale oft mit der eingebauten Antenne noch empfangen werden. Aber da das Gerät dort meist ungünstig platziert ist, wird man auf die Dauer ohne eine **zusätzliche Außenantenne** nicht glücklich werden. Sie lässt sich an fast alle Handgeräte problemlos anschließen. Außerdem empfiehlt sich ein Kabel zum **Anschluss am Zigarettenanzünder,** um im Dauerbetrieb die Batterien zu schonen.

Eine zusätzliche Außenantenne kann auch direkt im Outdooreinsatz vorteilhaft sein, da sie empfindlicher ist und unter schwierigen Bedingungen oder in Regionen mit minimaler Satellitenabdeckung

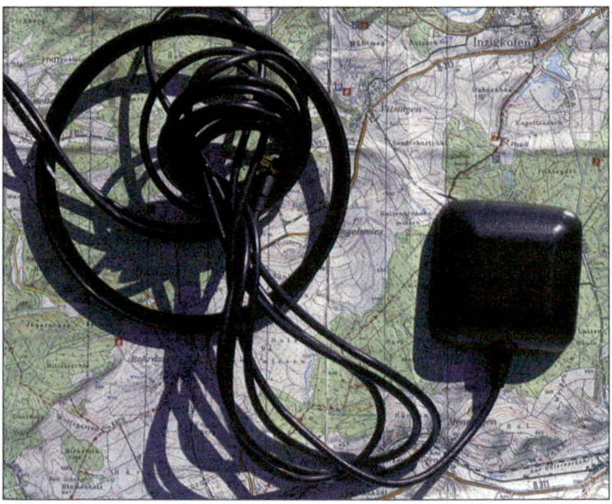

▶ *Anschließbare Außenantenne mit Magnetfuß*

061gp Abb.: rh

noch einen ausreichenden Empfang ermöglicht, wenn dies mit der integrierten Antenne nicht mehr funktioniert. Außerdem kann man beispielsweise zur Trackaufzeichnung bei kaltem Wetter das Gerät geschützt unter der Jacke tragen und hat mit der außen auf dem Rucksack befestigten Antenne trotzdem guten Empfang.

Meist reicht schon eine passive Antenne, welche die Signale lediglich weiterleitet. Leistungsstärker ist natürlich eine **aktive Außenantenne,** die die Signale verstärkt, um den Verlust auf dem Weg durch das Kabel auszugleichen (dafür aber auch Strom braucht!).

Durch den sehr leistungsstarken SiRFstar III-Empfänger (s. S. 64) ist allerdings für Geräte, die im Freien verwendet werden, eine Zusatzantenne praktisch überflüssig geworden.

Schutztaschen

Für Wanderungen, Skitouren etc. kann man das Gerät in der (verschließbaren!) Hemd- oder Jackentasche tragen und nur bei Bedarf herausnehmen. Für den Dauereinsatz (Track-Aufzeichnung) hat es dort aber meist schlechten oder nicht ausreichenden Satellitenkontakt. Daher gibt es auch für Wanderer verschiedene Arten von Taschen und Halterungen, um das Gerät außen am Körper oder Rucksack zu tragen – entweder einfache Clips, die direkt am Gerät angebracht werden (bei Garmin meist im Lieferumfang enthalten) oder schützende Taschen ähnlich wie für das Handy.

Trägt man die Geräte direkt am Gürtel, sind sie durch den Körper stark abgeschattet – und Geräte mit Patch-Antenne befinden sich zudem in einer ungünstigen vertikalen Position. Für besten Empfang sollte das Gerät auf dem Schultergurt oder außen am Rucksack befestigt werden.

062gp Abb.: rh

▲ *In einer Gürteltasche ist das Gerät gut geschützt …*

063gp Abb.: rh

▲ *… und jederzeit rasch zur Hand*

Tipps für Motorradfahrer und Mountainbiker

Auch bei den kleinen Handgeräten gibt es routingfähige Modelle mit ausreichend Kartenspeicher für Langstrecken- und Straßennavigation. Die digitalen Karten gehen inzwischen so weit ins Detail, dass Radfahrer zum Teil selbst auf Feld- und Forstwegen damit navigieren können. Doch während GPS-Handgeräte im Auto mit den Standard-Halterungen der Gerätehersteller einfach zu befestigen sind, müssen Motorradfahrer und Mountainbiker einige zusätzliche Dinge beachten:*

- ***Vorbereitung des Geräts:** Geräte, die man über die Firma Touratech bezieht, sind eigens für den strapaziösen Einsatz auf Motorrädern vorbereitet. Die erforderlichen Modifikationen sind bereits im Preis enthalten.*
- ***Wasserdichtheit:** Die meisten mobilen Geräte sind bereits ausreichend wasserdicht, um auch bei Regen ohne zusätzlichen Schutz genutzt werden zu können, aber es gibt auch Ausnahmen.*

Die Wasserdichtheit wird für gewöhnlich nach dem IPX-Standard angegeben:
IPX2 = geschützt gegen Tropfwasser
IPX3 = geschützt gegen Sprühwasser
IPX4 = geschützt gegen Spritzwasser
IPX5 = geschützt gegen Strahlwasser
IPX6 = geschützt gegen starkes Strahlwasser
IPX7 = geschützt gegen Untertauchen (30 Min.)

Für nicht ausreichend dichte Geräte bietet Touratech entweder wasserfeste Taschen (IPX6) oder spezielle Halterungen, aus denen man das Gerät bei einem Wolkenbruch rasch herausnehmen kann. Auch Kabel mit wasserdichten Steckverbindungen sind von Touratech zu bekommen.

- ***Befestigung:** Die Halterungen für GPS-Geräte werden beim Motorrad meist an der Mittelstrebe, beim Fahrrad am Lenker angebracht. Da auf rauen Pisten sowohl die Geräte als auch die Befestigung sehr hohen Beanspruchungen ausgesetzt sind (Nässe, Staub, Hitze, Vibrationen), müssen die Halterungen hohen Anforderungen gewachsen sein. Sie müssen:*
- *sehr stabil sein und das Gerät sicher fixieren*
- *rostfrei (Aluminium) sein*
- *Vibrations-entkoppelt sein (Gummipuffer zwischen Gerät und Rahmen)*
- *evtl. Durchführungen für Kabel bieten.*

Manche Halterungen sind zudem abschließbar, sodass man das Gerät nicht jedes Mal herausnehmen muss, wenn man das Fahrzeug kurz verlässt.

Solche Halterungen bietet Touratech zum Preis von ca. 70 € für alle gängigen Handgeräte und mit Adaptern für nahezu alle Bikes. Für Lenker ohne Mittelstrebe gibt es dort für ca. 45 € einen Kugelkopf-Adapter mit Gummidämpfung, der zudem eine nahezu beliebige Ausrichtung des Geräts erlaubt, sodass man es optimal im Blickfeld hat. Um die Geräte auch gegen die extremen Beanspruchungen von Geländefahrten zu schützen, hat die Firma spezielle Shock-Mount-Halterungen entwickelt (110 €), die alle Vibrationen um bis zu 95 % reduzieren. Solche Halterungen sind insbesondere auch dann zu empfehlen, wenn das Gerät nicht speziell für den Motorradeinsatz vorbereitet wurde. Für sehr vibrationsempfindliche Geräte (wie z. B. PDA) sind sie unverzichtbar, damit diese überhaupt auf dem Bike eingesetzt werden können.

- ***Kopfhörer:*** *Die Halterung für den Garmin StreetPilot III ist so gestaltet, dass für die Sprachausgabe ein (ebenfalls lieferbares, helmkompatibles) Headset am Gerät eingesteckt werden kann.*
- ***Stromversorgung:*** *An stark vibrierenden Motorrädern und insbesondere bei Geländefahrten sollte man das Gerät nicht mit Batterien betreiben, sondern über ein Kabel und einen Spannungswandler mit dem Bordnetz verbinden – entweder durch einen festen Anschluss oder mit einem wasserdichten Stecker. Da die Batterien ein relativ hohes Gewicht haben, fangen sie bei den Motorvibrationen des Motorrads an zu „schwingen". Dadurch gehen die Kontakte im Gerät kaputt. Geräte mit Batterien sollte man auf jeden Fall immer ans Bordnetz anschließen. Die o. g. Shock-Mount-Halterungen gestatten es allerdings, das Gerät auch mit Batterien zu betreiben, um nicht auf Kabel und Wandler angewiesen zu sein. Geräte mit Akku (auch herausnehmbarem wie z. B. MAP 278) haben da keine Probleme. Die feinen Motorvibrationen (sehr viel intensiver als bei einem Auto) sind vor allem für die sensiblen elektronischen Bauteile gefährlich. Normalerweise schaden Stöße, die vom groben Gelände herrühren, dem Gerät nicht sehr.*

* **Routingfähig** *ist ein Gerät, das die Strecke zwischen Orten entlang der Straße errechnen kann und die Route auf der Bildschirmkarte darstellt. Nur dann kann es auch jede Abzweigung kennen und rechtzeitig darauf hinweisen. Andere Geräte mit Kartendarstellung zeigen lediglich den Kurs zwischen den Orten – in Luftlinie!*

Outdoor-Geräte im Überblick

Die Auswahl an GPS-Geräten für den Outdoor-Einsatz ist beträchtlich und entwickelt sich ständig weiter. Einfache Einsteiger-Modelle mit vollwertiger GPS-Basisausstattung, SW-Display und ohne allen Schnickschnack bekommt man bereits ab etwa 100 €. Diese Geräte sind für die Grundaufgaben der Outdoor-Orientierung und -Navigation voll ausreichend und stehen hinsichtlich Empfangsleistung, Positionsbestimmung und GoTo-, Routen- und TracBack-Navigation hinter den meisten teuren Modellen kaum oder gar nicht zurück (Ausnahme: die Empfangsleistung besserer Geräte mit SiRFstar III).

Andererseits kann man für Modelle mit gutem Farbdisplay, Kartendarstellung, großem Internspeicher, Slot für zusätzliche Speicherkarten, Kompass, Höhenmesser und Routing-Funktion (die dann bereits nahe an ein hochwertiges Autonavigationssystem heranreichen) locker 700 € berappen – und im Bündel mit Software, Kabel, digitaler Landkarte etc. bis über 1000 €.

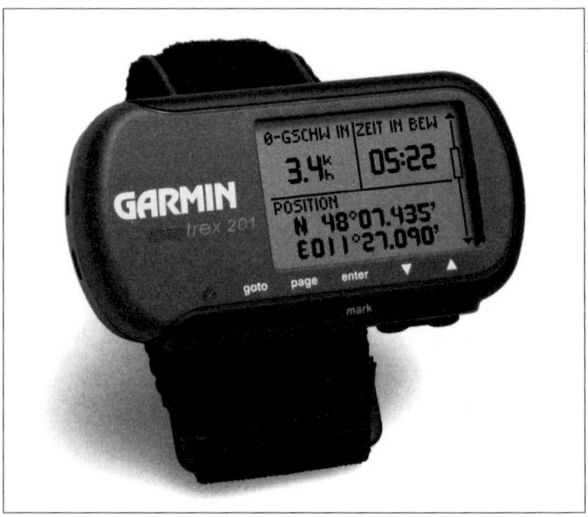

064gp Abb.: gm

▶ *Garmin Foretrex 201*

Was braucht man wirklich? Das ist von den persönlichen Ansprüchen abhängig. Für die Grundfunktionen der GPS-Navigation sind auch die preiswertesten Geräte gut ausgestattet. Was man zusätzlich wünscht, kostet auch zusätzlich. Im Folgenden ein knapper Überblick über die derzeit (2007) angebotenen Geräte mit Beschreibung ihrer wesentlichen Eigenschaften - und zum Teil auch meinen persönlichen Erfahrungen, nachdem ich bislang rund 15 verschiedene Modelle getestet habe.

Garmin

Die bei weitem umfangreichste Palette an unterschiedlichen Modellen bietet der Marktführer Garmin: von speziellen Trainings-Geräten über verschiedenste Outdoor-Modelle bis hin zu karten- und routingfähigen Modellen, die sich für Outdoor- und Straßennavigation eignen. Alle Geräte bieten gute Qualität, sinnvolle Ausstattung und eine durchdachte Menüführung. Auch die Auswahl an aufladbaren topografischen Karten wird rasch ausgebaut (s. S. 236/237).

Bei den Gerätebezeichnungen bedeutet:

- C (Color) = Farbdisplay
- S (Sensor) = Kompass-/Höhenmesser-Funktion
- x (x-treme) = Slot für Speicherkarte

Foretrex

Der Foretrex ist ein Armband-GPS-Gerät, das wie eine Uhr getragen wird, damit die Hände für andere Dinge frei sind (z. B. beim Paddeln, Segeln, Klettern etc.). Trotz des geringen Gewichtes von nur 78 g ist der Foretrex ähnlich leistungsfähig wie ein Handgerät und bietet alle wesentlichen Navigationsfunktionen wie Wegpunktspeicher und umkehrbare Routen und Tracks - 20 Routen zu je maximal 125 Wegpunkten (max. 500 Wegpunkte gesamt) sowie 10.000 Trackpunkte. Dank der benutzerfreundlichen Menüführung mit sechs seitlichen Tasten ist das robuste und wasserdichte Gerät einfach zu bedienen. Den Foretrex 201 habe ich für die Vorbereitung dieser Neuauflage erstmals intensiv eingesetzt und war überrascht von seiner Leistungsfähigkeit.

Das **Modell 101** wird mit zwei AAA-Batterien betrieben, das **Modell 201** mit einem integrierten Lithium-Ionen-Akku (beide mit bis zu 15 Stunden Standzeit); ein Netzteil zum Aufladen wird mitgeliefert.

Forerunner

Die Modelle der Forerunner-Reihe ähneln äußerlich etwas den Foretrex-Modellen, sind aber nicht in erster Linie für die Orientierung gedacht, sondern für Outdoorsportler, die ihre Trainingsgeschwindigkeiten, -dauer und -distanzen messen und dokumentieren wollen. Navigationskenntnisse sind nicht erforderlich. Einfach einschalten, Starttaste drücken und loslaufen. Angezeigt werden u. a. Rundenzwischenzeiten, Durchschnittsgeschwindigkeit, Bestzeiten, Höhen und Kalorienverbrauch. Ein serieller Anschluss ermöglicht Auswertung und Archivierung auf dem Computer. Zudem können die Geräte als virtuelle Trainingspartner genutzt werden (Zeit, Tempo, Strecke vorwählbar) und zeigen dann, wie man gegen das Gerät „im Rennen“ liegt. Statt einer festen Tempovorgabe kann auch eine frühere Trainingsaufzeichnung verwendet werden. So werden gelände- oder streckenbedingte Temposchwankungen automa-

065gp Abb.: gm

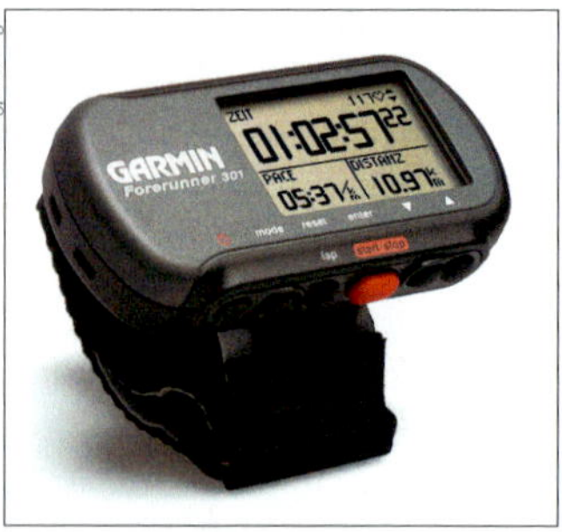

▲ *Garmin Forerunner 301*

tisch berücksichtigt, damit man auch an Steigungen oder Gefällestrecken einen „realistischen" Wettkampfpartner hat. Und schließlich bieten die Geräte auch die Möglichkeit der TracBack- und Wegpunkt-Navigation, um in unbekanntem Gelände wieder zum Ausgangspunkt zurückzufinden oder um einen bestimmten (vorher eingegebenen) Punkt anzusteuern.

Das **Modell 101** wird mit zwei AAA-Batterien betrieben, das **Modell 201** mit einem integrierten Lithium-Ionen-Akku (beide mit bis 15 Std. Standzeit); ein Netzteil zum Aufladen wird mitgeliefert.

Das **Modell 301** misst zusätzlich die Pulsfrequenz und bezieht sie in die Auswertung mit ein. Ganz neu sind die noch kompakteren (wie eine Armbanduhr gestalteten) **Modelle 205 und 305,** die zudem mit dem extrem leistungsstarken SiRFstar III-Empfänger ausgestattet sind und daher auch noch in sehr dichtem Wald und unter schwierigen Bedingungen funktionieren.

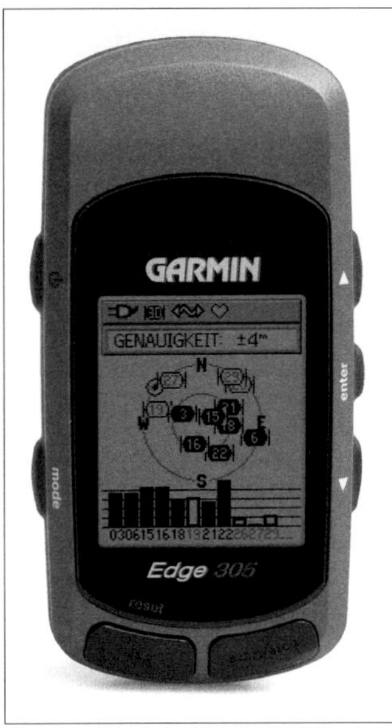

066gp Abb.: gm

▲ *Garmin Edge 305*

Edge

Ganz neu im Programm sind die beiden **Edge-Modelle (205 und 305):** beides Trainings-Computer, die ähnliche Funktionen wie die entsprechenden Forerunner-Modelle bieten, aber speziell für den Radsport konzipiert sind und am Lenker montiert werden. Beide sind mit dem neuen SiRFstar III-Empfänger ausgestattet. Der Edge 305 bietet zusätzlich einen integrierten Pulsmesser und einen Höhenmesser.

067gp Abb.: gm

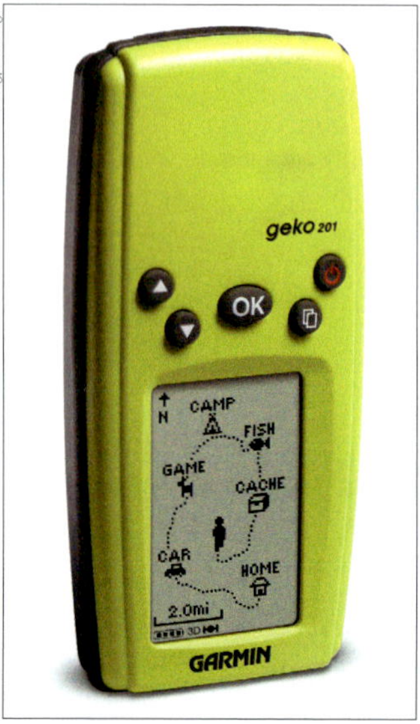

▲ *Garmin Geko 201*

Geko

Mit der Geko-Serie bietet Garmin die wohl kleinsten und leichtesten Handgeräte überhaupt – nur 88 g inkl. Batterien und kleiner als ein Handy. Bildschirm, Tasten und Menüführung fallen dementsprechend knapp aus; dennoch sind die Geräte funktional und gut zu bedienen. Vor allem aber sind sie mit 12-Kanaltechnik ebenso schnell, empfangsstark und genau wie viele der größeren und teureren Modelle. Betrieben werden sie mit zwei Mikrobatterien (AAA), die Standzeiten bis zu 12 Stunden ermöglichen. Beide **Modelle (201 und 301)** bieten Möglichkeiten für PC-Anschluss und externe Stromversorgung (12/24 Volt), jedoch nicht für eine externe Antenne. Das Modell 301 ist zudem mit Kompass und Höhenmesser ausgestattet.

eTrex

Die eTrex-Familie ist eine umfassende Serie sehr kompakter und dennoch absolut vollwertiger und leistungsstarker GPS-Handgeräte. Dank seitlich angebrachter Tasten bieten sie trotz Westentaschenformat ein relativ großes Display. Mit ihrer großen Modellvielfalt deckt die eTrex-Familie allein schon das ganze Spektrum der Handgeräte ab: von den Basismodellen **eTrex** und **eTrex Summit** (inkl. Kompass und Höhenmesser) über das speziell für Jäger und Angler konzipierte Modell **Camo** und das **Venture** mit Städtedatenbank und zusätzlichem Speicher, die Modelle **Legend** und **Vista** (Kompass und Höhenmesser) mit Graustufen-Display und Kartendarstellung bis hin zu den Modellen **Venture Cx, Legend Cx** und **Vista Cx** mit hochwertigem TFT-Farbdisplay, schneller USB-Schnittstelle und Slot für wechselbare Speicherkarten (mitgeliefert wird eine 32 MB TransFlash-Karte, erhältlich sind derzeit bis zu 2 GB-Karten!). Diese Geräte können topografische Karten und Straßenkarten brillant darstellen und sind sogar routingfähig; d. h. sie bieten (in Verbindung mit der optionalen MapSource City Navigator DVD) die Möglichkeit vollwertiger Turn-by-Turn Navigation mit Abbiegehinweisen per akustischem Signal und Pfeilanzeige im Display (keine Sprachausgabe).

Die Tasten auf den griffigen, gummiarmierten Seiten sind für den Handheld-Betrieb gut platziert (für die Lenkermontage auf dem Fahrrad weniger günstig) und ermöglichen eine bequeme Einhand-Bedienung. Ab dem Venture aufwärts sorgt ein 4-Weg-Mini-Joystick für noch mehr Komfort.

Bei älteren Versionen hatte ich einige Probleme damit, dass die Anzeige nach der Satellitenerfassung nicht sofort zur Positionsseite umschaltete und die Anzeige der Koordinaten daher nur umständlich zu bewerkstelligen war. Neuere Geräte schalten nach Satellitenerfassung zur Kartenseite, auf der (je nach Benutzerauswahl) u. a. auch die Koordinaten dargestellt werden.

Mit zwei Mignonbatterien (AA) arbeiten die Geräte bis zu 22 Stunden lang. Ein Verbindungskabel zum PC und eins zur externen Stromversorgung von 12 V sind als Zubehör erhältlich.

▼ *Garmin eTrex Summit*

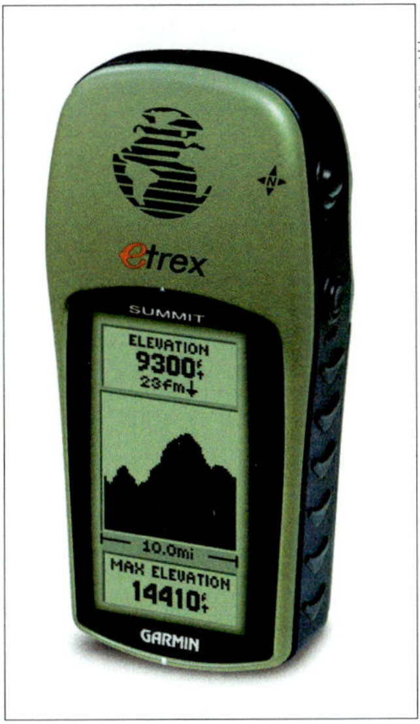

068gp Abb.: gm

GPS 60 Serie

Die Geräte der GPS 60 Serie besitzen ein größeres Display als die eTrex-Modelle, eine unterhalb des Displays angeordnete, umfangreichere Tastatur mit 4-Weg-Wippschalter und Zoom-Tasten für eine sehr komfortable Menüführung, eine Helix-Antenne sowie einen Anschluss für externe Antennen, eine USB- und eine serielle Schnittstelle.

069gp Abb.: gm

▲ *Garmin GPSmap 60CSx*

Der **GPS 60** mit Graustufen-Display und weltweiter Städtedatenbank eignet sich sehr gut für alle wesentlichen Grundfunktionen der GPS-Navigation (Standortbestimmung, GoTo-Navigation, Trackaufzeichnung, Backtrack etc.). Zusätzlich bietet er spezielle Funktionen für die Nautik (z. B. akustische Anker-, Annäherungs- oder Kursabweichungsalarme) und eine Vielfalt von Zusatzanwendungen wie Kalender, Wecker, Rechner, Stoppuhr, Sonnenaufgangszeiten, beste Jagd-/Angelzeiten etc. Die Modelle **GPSmap 60C** und **CS** (mit Kompass und Höhenmesser) bieten darüber hinaus ein brillantes TFT-Farbdisplay und die ganz neuen Modelle **Cx und CSx** besitzen zudem eine wechselbare 64 MB TransFlash-Karte (bis 2 GB möglich) und einen extrem leistungsstarken SiRF-star III Empfänger (s. S. 64). Auf alle vier Modelle können topografische und Straßenkarten geladen werden. Sie sind mit den neuen MapSource NT Kartenprodukten kompatibel und autoroutingfähig.

Das Modell GPSmap 60 CSx wurde bei der Vorbereitung für diese Neuauflage sofort mein Favorit unter allen bisher getesteten Geräten – insbesondere wegen seines brillanten TFT-Displays und seiner extrem schnellen und sensiblen Satellitenerfassung selbst unter schwierigsten Bedingungen.

GPS 72

Der GPS 72 ist eine preiswerte Lösung für die Land- und Seenavigation. Mit Städtedatenbank und WAAS/EGNOS-Korrekturen (s. S. 53) sind präzise Positionsbestimmungen möglich.

Als Nachfolger des beliebten GPS 12 bietet er eine große Anzeige mit 4 Graustufen und eine spezielle GoTo-Taste. Die Datenfelder können beliebig angeordnet werden und sind in der Größe variabel darstellbar. Der sehr robuste und wasserdichte GPS 72 eignet sich besonders für Kanuten und Segler, da er sogar schwimmfähig ist und akustische Anker-, Annäherungs- oder Kursabweichungsalarme gibt.

Sein interner 1 MB Benutzerspeicher enthält neben der Städtedatenbank bereits nautische Navigationshilfen wie Leuchtfeuer, Bojen etc. Er unterscheidet sich vom GPS 76 nur in folgenden Punkten: geringere Bildschirmauflösung (120 x 160 statt 180 x 240 Pixel), kein Anschluss für eine externe Antenne und das Datenkabel ist nicht im Preis enthalten.

070gp Abb.: gm

▲ *Garmin GPS 72*

GPS 76 Serie

Die Geräte der GPS 76 Serie ähneln in ihren Funktionen und der Tastaturbelegung den entsprechenden Modellen der GPS 60 Serie, sie haben jedoch alle eine integrierte Patch-Antenne, das Display ist geringfügig breiter und die Tasten sind oberhalb davon angeordnet. Da diese Serie (wie das GPS 72) besonders für Kanuten und Skipper konzipiert ist, sind die Geräte nicht nur wasserfest, sondern sogar schwimmfähig (!) und verfügen über alle wichtigen akustischen Alarmfunktionen wie Man-Over-Board-(MOB-), Anker- und Annäherungsalarm.

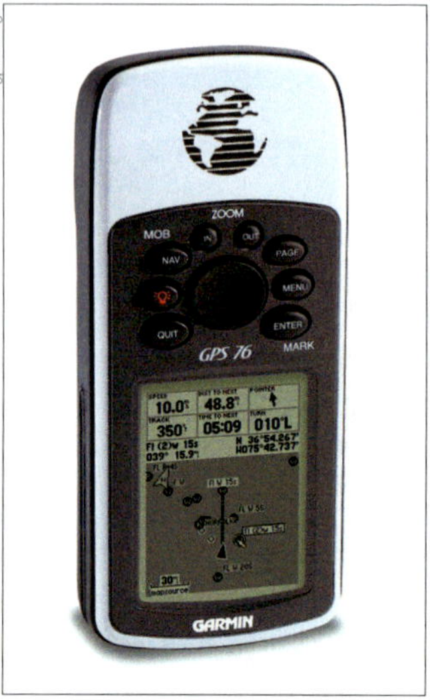

071gp Abb.: gm

▲ *Garmin GPS 76*

Das Basismodell **GPS 76** löst die beliebten Navigationsgeräte GPS 48 und GPS 12XL ab, bietet aber ein Display mit einer erheblich höheren Auflösung (180 x 240 Pixel) und vier Graustufen – im Vergleich zu bisher nur 64 x 100 Pixel und zwei Graustufen. Eine weitere wichtige Besonderheit: das große Display ermöglicht die Darstellung von 1–9 Datenfeldern, d. h. man kann bis zu neun verschiedene Angaben gleichzeitig verfolgen oder aber weniger Informationen in entsprechend großer blockhaft dicker Schrift anzeigen lassen, damit ein Ablesen auch unter Fahrt, bei Vibrationen und mit einem raschen Blick aus dem Augenwinkel gesichert ist.

Ein interner 1-MB-Speicher enthält neben der Städtedatenbank bereits nautische Navigationshilfen wie Leuchtfeuer, Bojen etc. und kann zusätzliche POIs (Points of Interest) aufnehmen. Mit nur zwei Mignon-Batterien bleibt das Gerät 18 Stunden betriebsbereit. Anschlüsse für externe Aktivantenne und Stromversorgung sind vorhanden.

Die Modelle **GPSmap 76** und **GPSmap 76S** (mit Kompass und Höhenmesser plus eigenem Speicher für Höhenprofile) können topografische und Straßenkarten darstellen und bieten dazu einen – etwas knappen – integrierten 24 MB Kartenspeicher. Bei den entsprechenden Modellen mit Farbdisplay (GPSmap 76C und GPSmap 76CS) bietet der Kartenspeicher immerhin eine Kapazität von 115 MB.

Und die Spitzenmodelle **GPSmap 76Cx** und **GPSmap 76CSx** können nicht nur wechselbare TransFlash-Karten von bis zu 2 GB Kapazität aufnehmen (im Lieferumfang 128 MB), sondern bieten zudem eine bislang unerreichte Empfangsqualität dank neuer SiRFstar III Chipsätze (s. S. 64).

Die kartenfähigen Modelle dieser Serie sind insbesondere bei Skippern und Motorradfahrern für die See- und Straßennavigation sehr beliebt, da sie kompakt und perfekt wasserdicht sind und zudem eine besonders große und selbst unter widrigen Umständen gut ablesbare Display-Darstellung erlauben.

Magellan

Mit seiner umfangreichen eXplorist-Reihe bietet Magellan die zweitgrößte Produktpalette und einige sehr interessante Modelle – darunter ebenfalls Geräte mit TFT-Farbdisplay, mit Kompass und Höhenmesser sowie mit Steckplatz für Speicherkarten (die anders als bei Garmin auch Wegpunkte und Routen aufnehmen können).

Bei manchen Fähigkeiten hat eher Garmin die Nase vorn (beispielsweise beim Stromspar-Modus), während etwa die übersichtliche Datenverwaltung und der lageunabhängige kardanische Kompass für ein Magellan-Gerät sprechen können. Auch Magellan bietet topografische Karten und Straßenkarten, die auf bestimmte Geräte geladen werden können, doch ist die Auswahl deutlich begrenzter als bei Garmin.

eXplorist Serie

Die kompakten **Basismodelle eXplorist 100, 200** (mit Basemap) und **300** (Kompass und Höhenmesser) sind nur geringfügig größer als die eTrex-Geräte von Garmin. Sie bieten ein Display mit 4 Graustufen und alle wesentlichen Grundfunktionen für die GPS-Navigation. Bereits diese Modelle sind mit 14-Kanal-Empfänger ausgestattet, damit stets zwei Kanäle für den WAAS-/EGNOS-Empfang zur Verfügung stehen. Gut gelöst sind die Belegung der (allerdings recht kleinen) Tasten (inkl. Wipptaste, die jedoch ein wenig „störrisch" läuft), die Menüführung und die Wegpunkt-, Routen- und Track-Verwaltung mit unterschiedlichen Ordnern. Nicht geboten werden u. a. Anschlüsse für Computer und Zusatzantenne sowie Wegpunkt-Projektion und Stromsparmodus.

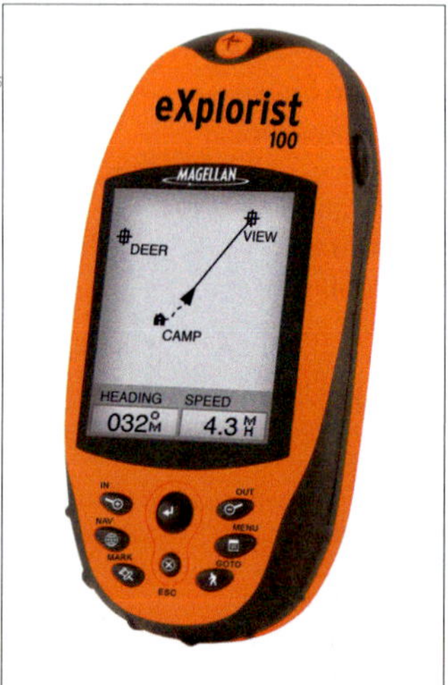

072gp Abb.: ma

▲ *Magellan eXplorist 100*

Der **eXplorist 210** mit 4-Graustufen-Display bietet bereits eine recht umfassende Ausstattung zum erstaunlich günstigen Preis von ca. 200 €: einen, (wenngleich recht knappen) integrierten 22 MB Speicher für Karten und Daten, Kartendarstellung, Autorouting und einen USB-Port – allerdings keinen Anschluss für eine externe Antenne und keine Wegpunkt-Projektion.

Die Modelle **eXplorist 400** (4-Graustufen-Display), **500 und 600** (beide TFT-Farbdisplay) können neben einem internen 16 MB Speicher wechselbare SD-Karten für die Speicherung von Landkarten und Daten nutzen. Das Modell 600 hat zudem einen integrierten kardanischen Kompass und einen barometrischen Höhenmesser. Alle drei Modelle bieten die Möglichkeit der Wegpunkt-Projektion, Autorouting und USB-Anschluss, aber keinen Anschluss für eine externe Antenne. Während die bisherigen Modelle alle mit je 2 AA-Batterien betrieben werden (Standzeit ca. 18 Std.), dient diesen Modellen ein integrierter, aufladbarer Lithium-Ionen-Akku (Standzeit ca. 17 Std.) als Stromquelle.

Eine Sonderstellung im gesamten Marktsegment nimmt der eXplorist XL ein. Er bietet eine ähnliche Ausstattung wie das Modell 500, aber einen internen 30 MB Speicher mit Basemap und vor allem ein „riesiges" 55 x 75 mm TFT-Farbdisplay für die Kartendarstellung (das allerdings über nicht mehr Pixel als das 36 x 43 mm Display der kleineren Modelle verfügt), an dessen Dimensionen kein anderes Handgerät heranreicht. Es dürfte das derzeit größte und mit 350 g schwerste Outdoor-Modell sein, bietet dafür aber auch einen sensibleren Mini-Joystick und große Tasten, die man auch mit Handschuhen bedienen kann.

Silva

Der schwedische Orientierungsspezialist bietet eine kleine Auswahl leistungsstarker und sehr interessanter Geräte, die sich vom sonstigen Angebot abheben. Leider soll der GPS-Bereich langsam aus dem Programm genommen werden. Lediglich das in seiner Art einzigartige und von der entsprechenden (Extrem-)Klientel hoch geschätzte Modell „Multi-Navigator" soll erhalten bleiben.

073gp Abb.: si

▲ *Silva Atlas*

GPS-Empfänger

Bisher sind auch noch die Modelle **Atlas** und **AtlasPro** (höhere Auflösung) erhältlich, beide mit einem WAAS-/EGNOS-fähigen 12-Kanal-Empfänger, Graustufen-Display, wechselbaren Speicherkarten, Wegpunkt-Projektion und seriellem Port sowie dem Anschluss für eine Außenantenne; aber ohne Autorouting. Angeboten werden 8 verschiedene MMC-Speicherkarten mit bereits vorinstallierten Straßenkarten verschiedener europäischer Länder. Leider gibt es bislang keine aufladbaren topografischen Karten dafür. Ein ungewöhnliches Feature, das man sonst nur bei Geräten von Lowrance findet, ist die Wahl zwischen Einsteiger- und Fortgeschrittenen-Modus. So können sich Anfänger mit den wesentlichen Grundlagen rasch zurechtfinden und dem erfahrenen Nutzer steht zugleich das ganze Spektrum der GPS-Möglichkeiten zur Verfügung.

▲ *Alan Map 500*

074gp Abb.: al

Ebenfalls ungewöhnlich ist der **Multinavigator,** ein „Hardcore-GPS-Gerät" und derzeit das einzige mit alphanumerischem Display, das besonders kälteresistent ist (laut Herstellerangaben bis –25 °C). Dafür bietet es aber weder Kartenseite noch Backtrack-Funktion. Andererseits ist es mit Kompass und Höhenmesser ausgestattet.

Alan

Erstaunlich preisgünstig und leistungsstark sind die beiden Modelle von Alan **Map 500** und **Map 600** – beide mit WAAS-/EGNOS-fähigem 12-Kanal-Empfänger, serieller und USB-Schnittstelle, Anschluss für eine Außenantenne, 4-Graustufen-Display, Kartendarstellung und Slots für CF-Speicherkarten von 512 MB bzw. 4 GB Kapazität. Das Modell 600 bietet zudem Autorouting mit sofortiger Neuberechnung und einen integrierten Kompass – und das zu erstaunlich niedrigen Preisen: 179 € für den Map 500, 199 € für den Map 600 mit Deutschlandkarte und 299 € für einen Map 600 mit 128 MB CF-Karte, Autokit und Europakarte.

Lowrance

Obwohl die amerikanische Firma Lowrance mit ihrer **iFinder-Serie** nach Garmin und neben Magellan die umfangreichste Palette an GPS-Geräten für den Outdooreinsatz bietet, sind diese bei uns kaum bekannt. Das ist vielleicht nicht allzu verwunderlich, da sowohl die Geräte als auch Informationen darüber offenbar schwer zu bekommen sind.

Das Einsteigermodell **iFinder-GO** mit 16-Kanal-Empfänger für GPS-, WAAS- und EGNOS-Satelliten und 4-Graustufen-Display bietet die gewohnte GPS-Grundausstattung zur Wegpunkt- und Routennavigation. Die Modelle **iFinder H2O** (Display mit 16 Graustufen) und **iFinder H2OC** (Farbdisplay) sind darüber hinaus bereits kartenlesefähig und besitzen einen Steckplatz für MMC- oder SD-Speicherkarten. Alle Modelle außer dem GO können **Lowrance-FreedomMaps** – Straßenkarten mit Stadtplänen und Gewässerumrissen – darstellen und besitzen eine serielle Computerschnittstelle.

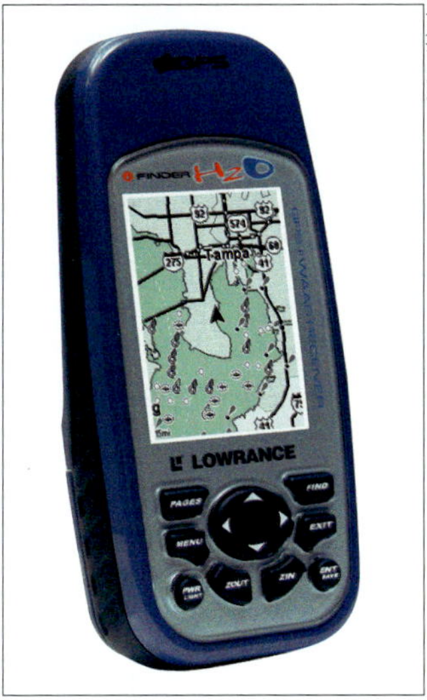

075gp Abb.: lo

▲ *Lowrance iFinder H2O*

GPS-Empfänger

Das **iFinder Explorer** (Display mit 16 Graustufen) enthält zusätzlich einen barometrischen Höhenmesser. Spitzenmodell ist der **iFinder Expedition** mit Farbdisplay, WAAS-/EGNOS-fähigem 16-Kanal-Empfänger, Kartendarstellung, elektronischem Kompass und Höhenmesser mit Verlaufsgrafik und Wettertrendanzeige sowie – man höre und staune – mit MP3-Player und eingebautem Mikrofon.

Daneben gibt es zwei spezielle Modelle für Jäger: **iFinder Hunt** und **iFinder HuntC** mit 16-Kanal-Empfänger, Kompass, Barometer, Wetterprognose etc. und einigen jagdspezifischen Zusatz-Features.

Eine Besonderheit aller Lowrance-Modelle: Sie sind umschaltbar zwischen „einfache Bedienung" (nur die Grundfunktionen) und „erweiterte Bedienung" (voller Funktionsumfang).

Checkliste: Worauf beim Kauf eines GPS-Gerätes zu achten ist

- ❑ Empfindlichkeit von Antenne und Empfänger (Funktioniert das Gerät auch im Wald?)
- ❑ Ist es WAAS-/EGNOS-fähig?
- ❑ Einfache Bedienung auch bei Dunkelheit und mit Handschuhen (bei Kälte) möglich?
- ❑ Anzeige, ob das Gerät im 2D- oder 3D-Modus arbeitet (Wichtig!, siehe S. 17, 48)
- ❑ Kann es genügend Wegpunkte/Routen (bzw. WP pro Route) speichern?
- ❑ Kann es Landkarten auf dem Display darstellen?
- ❑ Bietet es ausreichend internen Speicher für Landkarten?
- ❑ Kann es zusätzliche Speicherkarten aufnehmen?
- ❑ Unempfindlichkeit der Anzeige gegen Hitze und Kälte
- ❑ Klares und auch bei Sonnenlicht gut ablesbares Display
- ❑ Guter Nässeschutz (IPX7) gewährleistet?

- Welche Koordinatensysteme und Kartenbezugssysteme sind verfügbar?
- Bietet das Gerät die Möglichkeit der Wegpunkt-Projektion?
- Gewicht (besonders bei Wanderungen)
- Stromverbrauch (zusätzliche Batterien sind zusätzliches Gewicht)
- Verfügt es über einen Stromspar-Modus?
- Welche Funktionen bietet das Gerät?
- Anschlussmöglichkeiten für externe Antenne und Stromversorgung vorhanden?
- Computer-Schnittstelle (seriell und/oder USB) vorhanden?

Zur Minimal-Ausstattung, die mit geringen Einschränkungen fast alle neueren GPS-Geräte bieten, gehören:

- WAAS-/EGNOS-fähiger 12-Kanal-Empfänger
- Kartengitter: UTM, Gauss-Krüger, Schweizer, geografisch
- Bezugssysteme: WGS84, Potsdam, Austria, CH 1903
- Wegpunkt-, GoTo- und Routennavigation
- Track-Aufzeichnung und Backtracking
- Wegpunkt-Projektion
- Computer-Schnittstelle

076gp Abb.: rh

▲ *Vor dem Kauf sollte man das Gerät testen*

Vor dem Kauf sollte man alle Möglichkeiten nutzen, um mehrere Geräte auch praktisch kennenzulernen und testen zu können – beispielsweise bei Bekannten und Freunden, bei einem Verleih oder im Rahmen von Kursen.

GPS-Software und Funktionen

077gp Abb.: gm

Was kann GPS?

Im Grunde macht das GPS-Gerät nur eins: Es errechnet aus den Satellitensignalen jede Sekunde seine aktuelle Position, die es dann am Display auf verschiedene Weise anzeigen kann. Da das Gerät aber einen kleinen Computer enthält, kann es mit der heute üblichen Software eine Fülle weiterer Informationen liefern, z. B.:

- Kurswinkel und Entfernung zu beliebigen, im Gerät gespeicherten Punkten
- momentane Geschwindigkeit und Kursrichtung
- Abweichung vom Soll-Kurs
- Höhe über dem Meer
- zurückgelegte Strecke
- Durchschnittsgeschwindigkeit und Höchstgeschwindigkeit
- Zeit in Bewegung und Zeit im Stillstand
- geschätzte Ankunftszeit am Ziel und verbleibende Reisezeit bis zum Ziel
- Entfernung vom Ziel
- Leitsysteme zur Zielfindung
- Wegaufzeichnung und automatische Rückverfolgung
- Speicherung von Wegpunkten, Routen und Tracks
- Darstellung von Routenskizzen und Landkarten
- Darstellung von Position, Kurs, Wegpunkten etc. auf einer Kartenskizze oder Karte
- Anzeige der Satellitenpositionen und Empfangsstärke
- Umrechnung zwischen verschiedensten Koordinatensystemen und Bezugssystemen
- Umrechnung zwischen Magnetisch-Nord, Geografisch-Nord und Gitternord
- Datum und präzise Uhrzeit
- Aufgangs- und Untergangszeiten von Sonne und Mond an beliebigen Orten

Durch **intuitive Menüführung** lassen sich bei den guten Geräten die meisten Funktionen aufrufen und nutzen, ohne dass man lange im Handbuch nachschlagen muss. Etwas Einarbeitungszeit wird man aber schon brauchen. Außerdem unterscheiden sich die Menüs der meisten heutigen Geräte nicht wesentlich voneinander. Jedes Modell hat seine Vorteile und Extras, aber die Grundfunktionen sind bei allen weitgehend identisch.

GPS-Terminologie

Leider sind die GPS-Terminologie und ihre gängigen Abkürzungen manchmal etwas verwirrend, zumal verschiedene Hersteller für identische Funktionen z. T. unterschiedliche Begriffe verwenden. Zur Erläuterung einzelner Begriffe oder Abkürzungen können Sie jederzeit im Glossar bzw. im Kapitel „GPS-Abkürzungen und -Terminologie" am Ende des Buches nachschlagen.

Grundfunktionen

Die wesentlichen Funktionen des GPS-Geräts lassen sich in fünf Gruppen unterteilen:

1. Orientierung: Wo bin ich?

Die aus je zwei Ziffersequenzen bestehenden Koordinaten (s. S. 19ff.) bezeichnen einen bestimmten Punkt auf der Landkarte und im Gelände. Das kann sowohl der aktuelle Standort sein als auch jeder beliebige andere Wegpunkt oder Punkt auf der Landkarte. Diese Koordinaten sind die Grundlage für fast alle übrigen GPS-Funktionen, denn auf Basis dieser Zahlenpaare berechnet das Gerät eine Fülle weiterer Informationen.

Der ermittelte Standort kann auf einer einfachen Kartenskizze lagerichtig in Bezug auf Ziel, weitere Wegpunkte und umliegende Ortschaften angezeigt werden. Geräte mit Kartenspeicher können sogar

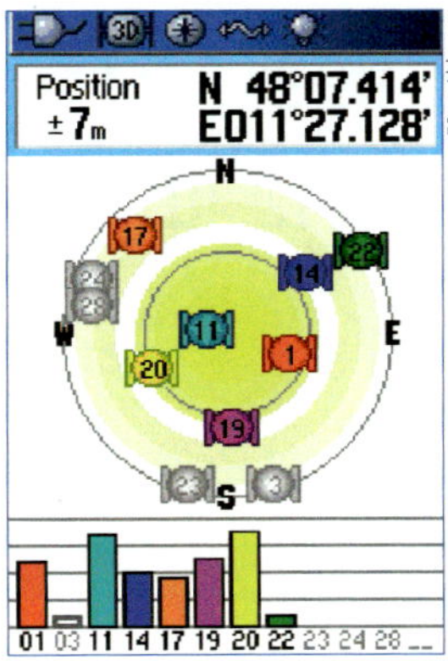

78gp Abb.: gm

▲ *Die Koordinaten der aktuellen Position werden bei neueren Garmin-Geräten auf der Satellitenseite angezeigt*

spezielle topografische Karten laden und darauf dann am Display den Standort darstellen.

Nähere Informationen zum Ermitteln der Koordinaten s. S. 140ff., zum Übertragen von Koordinaten zwischen Gerät und Karte s. S. 166ff.

2. Navigation: Wie erreiche ich mein Ziel?

Aus den Koordinaten zweier Punkte kann das Gerät die **Entfernung (DST = Distance)** und den **Kurswinkel (BRG = Bearing)** zwischen diesen beiden Punkten berechnen, z. B. zwischen dem momentanen Standort und dem Ziel. Hierzu müssen die Koordinaten des Ziels als Wegpunkt (Waypoint, WPT) im Gerät gespeichert sein; diejenigen des Standorts kann es jederzeit selbst ermitteln.

079gp Abb.: gm

▲ *Der Pfeil weist stets die Richtung zum angesteuerten Ziel*

Der Kurs kann als **Richtungswinkel** in Grad angegeben werden (ähnlich wie beim Kompass) – vor allem aber (und im Gegensatz zu jedem Kompass!) mittels eines **Richtungspfeils,** der stets zum Ziel hin weist (s. u. „Navigationsseite").

Und das Schöne: Solange das Gerät Satellitenkontakt hat, wird der Kurs laufend vom momentanen Standort aus neu berechnet. Wenn Sie also vom Kurs abweichen, um einem Hindernis aus dem Weg zu gehen, so wird sofort der neue Kurs zum angesteuerten Ziel ermittelt und angezeigt. Das leistet kein Kompass!

Zudem kann das Gerät mehrere Wegpunkte (bis zu 250) zu **Routen** kombinieren, entlang denen es Sie dann von einem Punkt zum nächsten führt.

Nähere Informationen dazu finden Sie im Kapitel „Navigation" auf S. 174ff.

3. Aufzeichnung: Wo war ich?

Alle Wegpunkte können im Gerät gespeichert und später (zu Hause oder auf der nächsten Tour) mit vielfältigen Zusatzinformationen erneut angezeigt und genutzt werden. Aber mehr noch: Wenn das Gerät unterwegs eingeschaltet bleibt, kann es den gesamten Weg mit jeder Richtungsänderung als so genannten **„Track" präzise aufzeichnen.** Das ist nicht nur interessant, um die Tour später nachverfolgen zu können, sondern u. U. auch, um den Rückweg zu finden: per „Backtrack" lotst Ihr elektronischer Führer Sie auf genau dem gleichen Wege wieder zurück zum Ausgangspunkt!

Nähere Informationen dazu finden Sie im Kapitel „Track-Navigation" auf S. 178.

080gp Abb.: gm

4. Trip-Computer: Wie komme ich voran?

Da das Gerät – solange es Satellitenkontakt hat – jede Sekunde seine Position ermittelt, kann es aus der Positionsveränderung ständig den **aktuellen Kurs** (TRK = Track oder COG = Course Over Ground) und die **zurückgelegte Strecke** (DST = Distance) bestimmen. Mittels der eingebauten Uhr lassen sich daraus noch weitere Informationen errechnen:

- momentane Geschwindigkeit (SPD = Speed oder SOG = Speed Over Ground),
- Geschwindigkeit, mit der Sie sich dem Ziel nähern (VMG = Velocity Made Good),

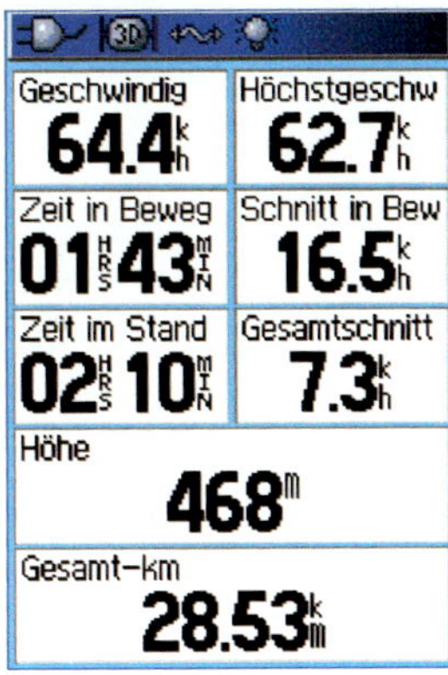

081gp Abb.: gm

▲ *Der Trip-Computer liefert vielfältige Informationen*

GPS-Software

- geschätzte Ankunftszeit (ETA = Estimated Time of Arrival) und
- verbleibende Reisezeit (ETE = Estimated Time Enroute oder TTG = Time to Go).

Bewegungsabhängige Informationen

Alle Informationen, die auf Positionsveränderungen beruhen, können natürlich nur angezeigt werden, solange das Gerät sich bewegt. Im Stillstand bleiben diese Felder leer oder zeigen die zuletzt errechneten Werte an.

5. Extras

Neben den bisher genannten wichtigen Funktionen bieten heutige Geräte eine Fülle mehr oder weniger interessanter Extras, die ganz nützlich sein können (z.B. Höhenprofile, Wettertendenz, Sonnenauf- und -untergangszeiten, Taschenrechner). Teilweise wurden sie aber **für spezielle Anwendungen** (Seenavigation, Jagd, Fischerei) entwickelt und sind für Wanderungen weniger wichtig, z.B. Man-Over-Board (MOB) Funktion, Warnsignale, Mondphasen, beste Jagd-/Angelzeit etc. Außerdem finden sich auf neueren Geräten zusätzlich kleine **Spiele,** die ganz amüsant sein können, wenn einen das Wetter den ganzen Tag im Zelt festnagelt.

▼ *Mondphasen*

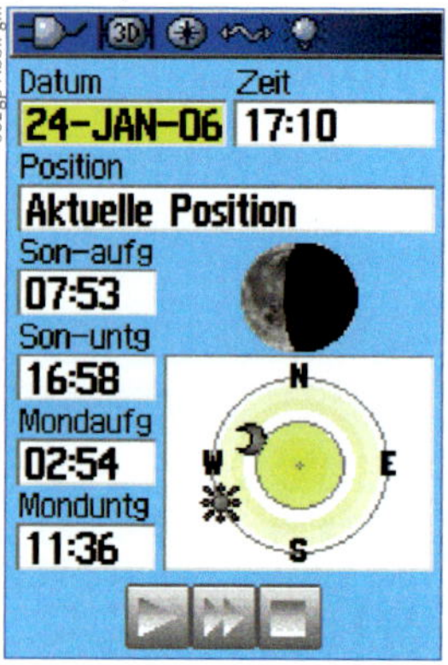

082gp Abb.: gm

Display-Anzeigen (Menüs)

Wie der Computer hat das GPS-Gerät eine Tastatur und einen Bildschirm (Display). Da nicht für jeden Befehl ein eigene Taste zur Verfügung stehen kann, werden die verschiedenen Funktionen und Befehle auf dem Display dargestellt, per Cursor ausgewählt und dann aktiviert. Für Übersichtlichkeit und um sich bequem zurechtzufinden, sind die Funktionen und Aufgabenbereiche nach Gruppen sortiert auf einzelnen Bildschirmseiten **(Menüs)** zusammengefasst, die man per Tastendruck durchblättern kann – für gewöhnlich mit der Taste **„Page"** (Seite) in die eine Richtung und mit **„Quit"** (verlassen) wieder zurück. Anstelle der Maus (bzw. der Pfeiltasten am Keyboard) hat das GPS-Gerät einen Wippschalter oder einen Mini-Joystick, um die einzelnen Funktionen und Befehle anzusteuern. Dann werden sie per **„Enter"**-Taste oder Druck auf den Joystick angeklickt. Alles wie gehabt.

Ein bisschen rumprobieren und man findet sich schnell zurecht. Sollte es nicht so rasch klappen, kann man im ausführlichen Handbuch nachschlagen. Außerdem liegt den Geräten oft eine **Kurzanleitung** (Quick Start Guide) bei, ein Faltblatt auf robustem, wasserfestem Papier, das die wichtigsten Funktionen erklärt und das man auch auf die Tour mitnehmen kann.

Hier eine Darstellung aller wichtigen Menüseiten mit den jeweiligen Funktionen und zusätzlichen Erläuterungen:

Satellitenseite (Satellitenstatus)

Nach dem Einschalten zeigt das Display gewöhnlich zunächst die Meldung „Locating Satellites" (Satelliten orten) oder „Acquiring Satellites" (Satelliten erfassen) und eine Darstellung des Himmels über dem aktuellen Standort **(Skyview)** mit den Positionen der über dem Horizont befindlichen Satelliten. Der Punkt in der Mitte markiert die Stelle senkrecht über dem Standort (Zenit), der äußere Kreis stellt den Horizont dar, der mittlere Kreis umfasst alle Punkte in einer Höhe von 45° über dem Horizont. Außerdem sind auf dem äußeren Kreis die vier Himmelsrichtungen markiert und Geräte mit Kompass zeigen darauf mit einem Punkt an, nach welcher Himmelsrichtung der Empfänger orientiert ist

(Geräte ohne Kompass markieren mit diesem Punkt die Bewegungsrichtung). Die eXplorist-Geräte von Magellan zeigen nicht die Skyview-Perspektive von der Erde, sondern von „oben", sozusagen aus dem Weltall gesehen, was aber die Satellitenpositionen weniger genau erkennen lässt.

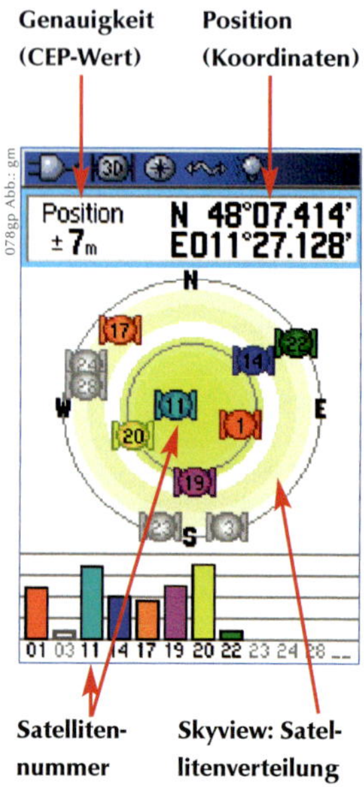

▲ *Satellitenseite Die Signalstärkebalken im unteren Bereich zeigen die Empfangsstärken der Satelliten: 22 - schwacher Empfang, 3 - wird gerade erfasst, 23, 24, 28 - noch kein Kontakt*

Diese Darstellung der momentanen **Satellitenpositionen** kann sehr hilfreich sein, um das Gerät für den Empfang optimal auszurichten und um zu vermeiden, dass bestimmte Satelliten durch den Körper oder andere Hindernisse abgeschattet werden. Eine kleine Positionsänderung kann den Empfang gleich deutlich verbessern.

Dies erkennt man dann sofort an dem unter der Skyview-Anzeige dargestellten **Balkendiagramm,** das den Signalempfang der einzelnen Satelliten anzeigt. „Kein Balken" bedeutet: der Satellit wird noch gesucht. „Transparenter Balken" (oder wachsender Balken) bedeutet, dass die Daten erfasst werden (das dauert meist 30–60 Sekunden). „Gefüllter Balken" (oder kompletter Balken) bedeutet: Die Daten sind aufgenommen und werden zu Berechnungen verwendet. Bei den meisten Modellen zeigt die Länge der Balken wie stark die Signale empfangen werden.

Jeder Satellit hat im Skyview eine Nummer, durch die ihm sein Balken zugeordnet ist. Bei Farbdisplays verbessert zudem eine farbliche Zuordnung den Überblick. Nummern über 30 bezeichnen übrigens WAAS-/EGNOS-Satelliten.

Und schließlich zeigen gute Geräte hier eine **Statusleiste** mit Datum, Uhrzeit und Ladezustand der Batterien (bzw. Anschluss an eine externe Strom-

Anzeige der Genauigkeit

Das GPS-Gerät kann nicht genau in Meter und Zentimeter angeben, wie präzise seine Positionsberechnung ist (würde es den Fehler exakt kennen, könnte es ihn ja berücksichtigen und korrigieren!). Es gibt jedoch verschiedene Möglichkeiten, den geschätzten Rahmen anzugeben, in dem die Fehlergröße liegt:

- ***DOP:** Die durch ungünstige Satellitenkonstellation (s. S. 45f.) verursachte Fehlergröße wird als **Dilution of Precision** (Verschlechterung der Genauigkeit) bezeichnet. Da das Gerät die Satellitenkonstellation kennt, kann es die Größe dieses Fehlers berechnen. Man erhält jedoch keinen konkreten Fehler in Metern. Vielmehr verstärken hohe DOP-Werte die anderen Fehler. Die meisten Geräte zeigen jedoch keine DOP-Werte an, sondern einen Fehlerbereich in Metern, der sich aus verschiedenen Faktoren berechnet.*
- ***EPE:** Viele Geräte zeigen den **Estimated Position Error** (wahlweise in Metern oder Fuß) an, der sich weitgehend aus dem DOP-Wert ergibt. Er bezeichnet die geschätzte maximale Fehlergröße.*
- ***CEP:** Der **Circular Error Probable,** den neuere Garmin-Modelle anzeigen (in Metern oder Fuß), darf nicht mit dem EPE verwechselt werden. Er bezeichnet keinen maximalen Fehler, sondern besagt, dass sich 50 % aller Messungen in einem Kreis mit dem angegebenen Radius befinden. Das bedeutet aber auch, dass die andere Hälfte der Messpunkte außerhalb davon liegt! Weiterhin bedeutet er, dass sich 95 % aller Messpunkte innerhalb eines Kreises mit dem doppelten Radius befinden und sogar fast 99 % in einem Kreis mit dem 2,5-fachen Radius. Wird also z. B. ein Wert von 5 m angezeigt, so kann man davon ausgehen, dass man sich mit einer Wahrscheinlichkeit von 95 % höchstens 10 m vom angezeigten Punkt entfernt befindet – und mit 99 %iger Sicherheit nicht mehr als 12,5 m.*

Hellseher-GPS? *Falls Sie sich wundern, wie das GPS-Gerät die Position eines Satelliten anzeigen kann, von dem es noch gar keine Signale empfangen hat, so finden Sie die Lösung unter dem Stichwort „Almanach" im Glossar bzw. auf S. 124.*

quelle) – sowie mit Angaben zur Funktion im 2D- oder 3D-Modus (s. S. 17, 48); bei anderen (z. B. eTrex) muss die Statusleiste durch ein kurzes Drücken der „Ein-/Aus-Taste" aufgerufen werden. Und schließlich blenden manche Modelle nach Erfassen der Satelliten auf dieser Seite auch sofort die Koordinaten der aktuellen Position und die geschätzte Genauigkeit der Positionsbestimmung (s. Exkurs S. 109) ein.

Positionsseite

Sobald das Gerät genügend Daten gesammelt hat, berechnet es seine aktuelle Position und zeigt sie am Bildschirm an. Einige Modelle tun dies direkt auf der Satellitenseite – andere schalten dazu automatisch zu einer eigenen Positionsseite um (z. B. ältere Garmin-Modelle), die gleichzeitig einen ganzen **Trip-Computer** darstellt. Sie zeigt nicht nur die Koordinaten der momentanen Position (je nach Benutzervorgabe in geografischer Länge und Breite, UTM oder einem anderen Koordinatensystem), sondern zusätzlich die Höhe über dem Meer, die bisher zurückgelegte Entfernung und die Distanz oder Zeit zum angesteuerten Ziel, den momentanen Kurs und die aktuelle Geschwindigkeit (u. U. auch Höchst- und Durchschnittsgeschwindigkeit), Uhrzeit, Zeit in Bewegung, Pausen u. v. m. Daten wie aktuelle Geschwindigkeit und Kurs können natürlich nur berechnet werden, wenn man sich mit eingeschaltetem Gerät bewegt.

085gp Abb.: gm

Geräte, die nicht automatisch auf diese Seite umschalten, haben sie natürlich trotzdem im Menü; man muss dann nur mit der „Page"-Taste dorthin blättern. Die Positionsseite gestattet übrigens –

wie andere Menüseiten auch – eine individuelle Anpassung, d.h. der Benutzer kann auswählen, welche Informationen automatisch darauf angezeigt werden.

> **Tipp**
> *Manche Garmin-Modelle wie z.B. eTrex zeigen in der Werkseinstellung auf der Kartenseite nur eine grafische Markierung der Position, nicht aber die Koordinaten! Man kann diese Seite jedoch individuell anpassen, sodass sie automatisch auch die Koordinaten anzeigt (allerdings zu Lasten der Kartengröße).*

Kartenseite

Viele neuere GPS-Geräte schalten nach dem Erfassen der Satellitendaten zur Kartenseite weiter, um die Position darzustellen.

Hochwertige, kartenfähige Geräte können tatsächlich Straßenkarten und topografische Karten anzeigen. Bei den meisten Geräten wird jedoch keine echte Landkarte dargestellt, sondern eine Art vereinfachte **Wegskizze.** Sie zeigt die momentane Position und deren relative Lage zu Start-, Ziel- und Wegpunkten sowie den bisher zurückgelegten Weg (Track) und als gerade Linie die Kursrichtung zwischen Standort und nächstem Wegpunkt (Track-Aufzeichnung nur solange das Gerät eingeschaltet ist). Der Track wird mit einzelnen Punkten in bestimmten Zeit- oder Entfernungsabständen markiert und kann später gespeichert oder gelöscht werden.

086gp Abb.: gm

Diese Wegskizze lässt sich verschieben und per **Zoom** in sehr verschiedenen Maßstäben darstellen. Außerdem kann man sie je nach Bedarf unterschiedlich ausrichten:

- **„Norden oben"** (North Up) ist vorteilhaft, wenn man die Display-Anzeige mit dem Kartenbild vergleicht,
- **„Marschrichtung oben"** (Track Up) erleichtert die Orientierung im Gelände (was auf dem Display links liegt,

liegt auch im Gelände links), kann aber bei einer stark gewundenen Route verwirrend sein, da sich das Bild ständig dreht,
- **„Ziel oben"** (Course Up) ist daher die sinnvollere Einstellung auf Serpentinenstrecken.

Meist bietet die Kartenseite einen **Cursor,** mit dem man den Bildausschnitt verschieben kann, z.B. um sich eine Gegend abseits der aktuellen Position anzusehen. Mit diesem Cursor kann man oft auch einzelne Punkte auf der Karte markieren, um sich ihre Koordinaten und weitere Informationen darüber anzeigen zu lassen oder um sie per „Enter" als „Active to Waypoint" auszuwählen (d.h. als nächstes Ziel anzusteuern).

Geräte mit **Städtedatenbank** zeigen auf dieser Karte auch weltweit alle Städte in ihrer tatsächlichen Position (teilweise sogar kleinste Dörfer). Und bei integrierte **Basemap** (s.S. 233) werden sogar einfache Straßenkarten dargestellt, die jedoch für die Outdoor-Navigation höchstens eine grobe Orientierung bieten können. Aber auch die bloße Routenskizze kann sehr hilfreich sein, um den Verlauf des zurückgelegten Weges und die Lage des Ziels sowie aller Wegpunkte der Umgebung zu erkennen. Inzwischen gibt es zudem ein rasch wachsendes Angebot topografischer Karten für geeignete GPS-Handgeräte, sodass man direkt mit der Karte auf dem Display navigieren kann! Mehr zum Thema digitale Karten und GPS finden Sie in einem eigenen Kapitel auf S. 212ff.

Hauptmenü

Um mit den Angaben des GPS-Gerätes arbeiten zu können, muss es zunächst den Anforderungen des Nutzers und der verwendeten Karte angepasst werden. Hierzu dient das Hauptmenü, das meist mit einer eigenen Taste „MENUE“ aufgerufen werden kann und eine Vielzahl verschiedener Untermenüs umfasst, etwa zu Routen, Tracks, Anzeige, Einheiten etc. (Näheres dazu s. Kap. „Vor dem Start“ S. 124ff.

Navigationsseite (Leitsystem)

Um mithilfe des GPS-Gerätes nicht nur den Standort ermitteln, sondern auch ein bestimmtes Ziel ansteuern zu können, bieten fast alle modernen Geräte mindestens eine Navigationshilfe (= Leitsystem).

Kompass-Seite

Für Outdoorzwecke meist am hilfreichsten ist die „Kompass-Seite“, die der grafischen Darstellung eines Kompasses ähnelt, aber kein Magnetkompass ist. Der abgebildete Pfeil zeigt nicht nach Magnetisch-Nord (und auch sonst keine Nordrichtung), sondern stets die **Richtung zum angesteuerten Wegpunkt.** Diese Richtung wird bei den meisten Geräten in Bezug auf die Bewegungsrichtung angezeigt – also nur solange Sie sich mit eingeschaltetem Gerät auch bewegen, denn im Stillstand hat das Gerät keine Bezugsrichtung. Ausnahmen sind Modelle, die einen integrierten **elektronischen Kompass** besitzen und daher die Nordrichtung als Bezug nutzen können.

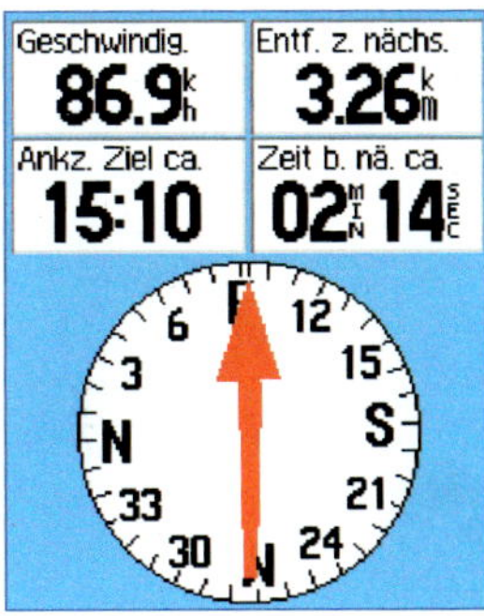

087gp Abb.: gm

▲ *Zeigt der Pfeil nach oben, sind Sie genau auf dem richtigen Kurs*

Weist der Pfeil nach oben, befinden Sie sich genau auf dem richtigen Kurs. Zeigt er nach links oder rechts, müssen Sie ihm „folgen“, also soweit nach links bzw. rechts schwenken, bis er wieder nach oben zeigt. Das heißt: Solange Sie mit eingeschaltetem Gerät marschieren, brauchen Sie sich nicht an den direkten Kurs zu halten. Sie können beliebig davon abweichen, um beispielsweise Hindernisse zu umgehen,

GPS-Software

da das Gerät ständig die neue Kursrichtung zum Ziel errechnet und Ihnen mit dem Pfeil jederzeit anzeigt, in welcher Richtung es liegt. Das ist ein ganz enormer Vorteil gegenüber dem Kompass, der nicht mehr genau die Richtung zum Ziel weist, sobald man ein paar Schritte vom Kurs abgekommen ist.

Die auf vielen Geräten zusätzlich dargestellte **Kompassrose** zeigt ebenfalls nicht die Nordrichtung, sondern die Himmelsrichtung, in die Sie sich bewegen. Sie dreht sich bei allen Richtungsänderungen mit, sodass der aktuelle Kurs stets genau oben angezeigt wird. Meist werden auf der gleichen Bildschirmseite zusätzlich eine Reihe weiterer Informationsfelder eingeblendet (ihre Belegung kann oft individuell ausgewählt werden), z.B: der Name des angesteuerten Ziels (z.B. „Camp"), aktueller Kurs (BRG) und Entfernung (DST) zum Ziel (in Luftlinie!). Manchmal auch der tatsächliche Kurs (TRK) und die aktuelle Geschwindigkeit (SPD), die Geschwindigkeit, mit der man sich dem Ziel nähert (VMG), die geschätzte Ankunftszeit (ETA) sowie eine Skala (CDI oder XTE), die anzeigt, in welche Richtung und wie weit man vom Zielkurs abgewichen ist (s.u.).

Der Unterschied zwischen SPD und VMG

SPD bedeutet einfach die „aktuelle Geschwindigkeit" unabhängig von der Richtung. VMG hingegen ist die „Geschwindigkeit, mit der man dem Ziel näher kommt". Nur wenn man sich direkt auf das Ziel zubewegt, sind SPD und VGM identisch

Straßenseite (Autobahn/Highway)

Eine zweite Navigationshilfe vieler Geräte, die Straßenseite, ist nur dann interessant, wenn man das Ziel in einigermaßen gerader Linie erreichen kann (z.B. auf dem Wasser). Es zeigt eine stilisierte Straße, die genau nach oben weist, wenn man sich auf Soll-Kurs befindet. Weist sie nach links oder rechts, muss man den Kurs entsprechend korrigieren. Zwingen

Welche Richtung, bitte?

Alles auf der Welt ist relativ, so auch der Kurs, weshalb es nicht nur einen, sondern gleich mehrere davon gibt:

1. ***Soll-Kurs (Course, CRS)*** *- der Kurswinkel zwischen Nordrichtung und der Linie Start-Ziel, der sich nicht verändern kann*
2. ***aktueller Kurs (Heading, HDG oder True Course, TRK)*** *- der Kurswinkel zwischen Nordrichtung und der aktuellen Bewegungsrichtung, der sich laufend verändert, sofern man nicht in einer schnurgeraden Linie geht.*
3. ***Peilung (Bearing, BRG)*** *- der Kurswinkel zwischen Nordrichtung und der momentanen Richtung zum Ziel, der sich in dem Maße verändert, wie man vom Soll-Kurs abweicht.*

(Beachten Sie hierzu auch den Exkurs „Wo bitte ist Norden?" auf Seite 132.)

Hindernisse zu stärkeren Kursabweichungen, so verschiebt sich die „Straße" aus dem Bildbereich und man kann sich nur anhand der **Kursabweichung** (CDI oder XTE) orientieren.

An die Stelle der Kompassrose für die Anzeige der aktuellen Kursrichtung tritt hier oft ein **Kompass-Band** am oberen Rand des Displays.

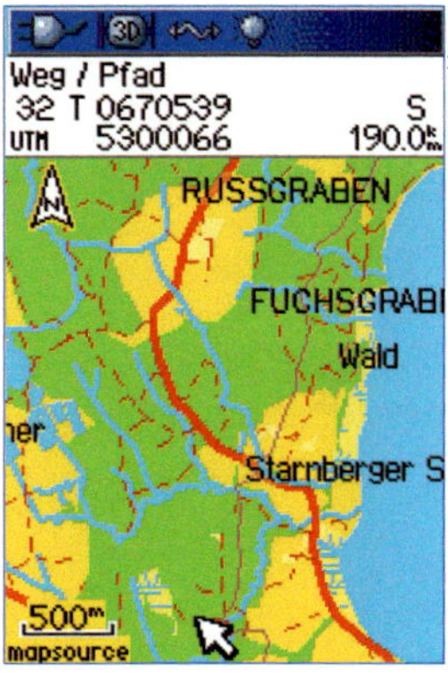

088gp Abb.: gm

Nützlich ist diese Navigationshilfe beispielsweise, wenn man bei schlechter Sicht eine weite Schneefläche, einen zugefrorenen See oder eine Wüsten- oder Steppenebene in möglichst gerader Linie durchqueren will oder wenn man mit dem Kanu über einen See setzt.

Mit beiden Navigationsseiten ist bei vielen Geräten eine **Nachrichtenanzeige** verbunden, die sich automatisch meldet, sobald man sich dem Wegpunkt auf eine bestimmte, vom Anwender einstellbare Distanz angenähert hat (siehe „Nachrichten/Alarm", S. 118 ff.)

Kursabweichung: Der **Cross Track Error** (XTE) oder **Course Deviation Indicator** (CDI) ist eine Skala (meist am unteren Rand der „Straßen-Navigationsseite"), die anzeigt, in welcher Richtung und wie weit man vom Soll-Kurs abgewichen ist. Die Größeneinheit der Anzeige kann man im Setup-Menü selbst einstellen. Um zurück auf den richtigen Kurs zu gelangen, muss man sich einfach entgegengesetzt der Anzeige bewegen – aber oft ist es sinnvoller (und der ist Weg kürzer), wenn man direkt dem angezeigten Kurs zum Wegpunkt folgt, der unabhängig von der Abweichung jede Sekunde neu berechnet und angezeigt wird.

XTE bzw. CDI sind – ebenso wie die „Straßenseite" – vorwiegend dann interessant, wenn man das Ziel einigermaßen geradlinig ansteuern kann und keinen größeren Hindernissen ausweichen muss. Andernfalls ist der momentane, direkte Kurs zum Zielpunkt wichtiger.

089gp Abb.: gm

Wegpunkt-Menü

Diese Seite ist bei vielen Geräten ebenfalls unter dem Hauptmenü aufrufbar; bei einigen neueren Modellen (z. B. Garmin GPSmap 60 Serie) kann sie aber auch direkt durch eine eigene Taste (FIND) geöffnet werden. Sie umfasst ein Verzeichnis aller im Gerät gespeicherten Wegpunkte und ermöglicht es, einzelne Wegpunkte aufzurufen, um sie auf der Karte anzeigen zu lassen, als Ziel anzusteuern, zu bearbeiten oder zu löschen. Hier können Sie auch neue Wegpunkte erzeugen, deren Koordinaten Sie aus der

Karte (oder einer anderen Quelle) ermittelt haben, indem Sie diese Koordinaten in das Gerät eingeben und speichern. Um die aktuelle Position als Wegpunkt zu speichern, haben alle Geräte eine eigene Taste (z.B. MARK).

Routen-Menü

090gp Abb.: gm

Auf dieser Seite finden Sie eine Liste aller gespeicherten Routen und können neue Routen zusammenstellen, bestehende Routen auswählen und aktivieren oder nicht mehr benötigte löschen.

Track-Menü

Hier können Sie die Track-Aufzeichnung (s.S. 178f.) ein- und ausschalten, Tracks löschen und speichern und die Funktion „Backtrack" (s.S. 181f.) aufrufen. Weiterhin können Sie verschiedene Einstellungen vornehmen, die festlegen, wie ein Track aufgezeichnet wird:

Aufzeichnungsart: In der Einstellung „Auto" speichert das Gerät bei jeder Richtungsänderung automatisch einen Wegpunkt. Dadurch wird der Speicher optimal genutzt und man erhält die beste Aufzeichnung für ein späteres Backtracking (s.u.). Bei **automatischer Aufzeichnung** hat man teilweise noch die Wahl, ob die Punkte minimal, seltener, normal, häufiger oder maximal gesetzt werden.

Sie können aber auch selbst festlegen, in welchem **Zeit- oder Entfernungsintervall** die Wegpunkte abgespeichert werden.

Da die **Speicherkapazität** begrenzt ist, hat man meist zwei Optionen, wie das Gerät bei vollem Speicher reagieren soll: Bei **Fill** erhält man eine Meldung kurz bevor die Kapazität erschöpft ist und das

Gerät hört dann mit der Aufzeichnung auf. Bei **Wrap** wird die Aufzeichnung permanent fortgesetzt, wobei laufend die ältesten Wegpunkte überschrieben werden; d.h. auf dem Display verschwindet der Anfang der aufgezeichneten Strecke (bei manchen Modellen wird dazu die Funktion „Überschreiben" aktiviert).

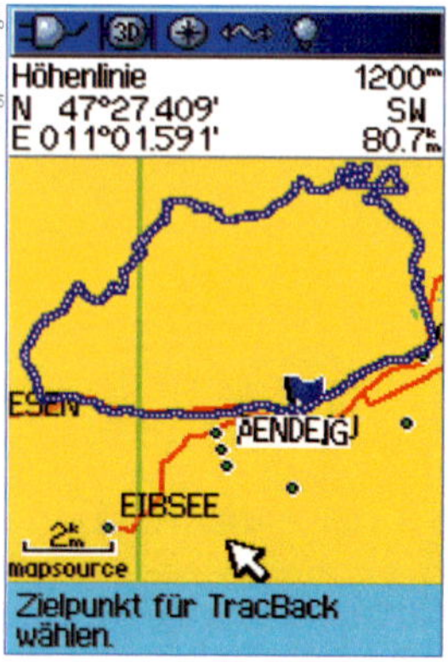

091gp Abb.: gm

Und schließlich zeigt dieses Menü gewöhnlich eine Liste der gespeicherten Tracks und wie viel Prozent des Trackspeichers belegt bzw. noch frei sind.

Beachten Sie, dass bei einigen älteren Magellan-Modellen, die über kein eigenes Track-Menü verfügen, diese Einstellungen im Routen-Menü vorgenommen werden.

Nachrichten, Alarm

Heutige Geräte blenden in bestimmten, z.T. vom Benutzer auswähl- und einstellbaren Situationen eine Nachrichtenanzeige oder Warnmeldung (Alarm) mit entsprechenden Hinweisen ein. Alle diese Meldungen können natürlich nur angezeigt werden, solange das Gerät in Betrieb ist.

Schlechter Empfang (Poor Coverage)

Wichtig ist eine Warnung, sobald das Gerät durch Hindernisse den **Kontakt zu einigen Satelliten verliert** und daher keine Position mehr im 3D-Modus errechnen kann. Bei den meisten Geräten ertönt dann ein Warnsignal und es wird entweder die Warnung selbst eingeblendet oder ein Hinweis, der dazu auffordert, die Nachricht zu öffnen. Da der Empfänger z.B. bei Wanderungen im Wald immer wieder kurzzeitig den Kontakt verlieren kann, wäre es mehr verwirrend als hilfreich, wenn jedes Mal sofort die Warnmeldung erfolgen würde. Viele Geräte **interpolieren** daher kurzzeitig (d.h. sie rechnen für einige Minuten auf Basis der letzten ermittelten Werte für Kurs und Geschwindigkeit weiter) und warnen erst, wenn der Kontakt für längere Zeit unterbrochen ist. Dieses Interpolieren ist daran erkennbar, dass man sich der Anzeige zufolge weiter seinem Ziel nähert, selbst wenn man stehen bleibt!

Ankunft (Approaching)

Nähert man sich dem als (Zwischen-)Ziel angesteuerten Wegpunkt (Active To Waypoint), so benachrichtigt das Gerät mit Signalton und Textmeldung darüber, dass dieser Punkt erreicht ist. Im Alarm Setup kann man einstellen, ab welcher räumlichen oder zeitlichen Entfernung vom Wegpunkt der Hinweis erfolgen soll.

Gefahrenzone

Diese Funktion stammt eigentlich aus der Seenavigation, wo man rechtzeitig vor Untiefen o.Ä. gewarnt werden muss, kann aber u.U. auch in der Landnavigation hilfreich sein. Man gibt dazu im Alarm Setup die Koordinaten einer gefährlichen Stelle (Moor, Schlucht, Felsen o.Ä.) ein und eine Distanz, ab der das Gerät bei einer Annäherung an die Risikostelle warnen soll. Bei größeren Gefahrenstellen müssen u.U. die Koordinaten von mehreren Punkten eingegeben werden, um die Gefahrenstelle einzugrenzen, oder ein entsprechend großer Warn-Radius.

Kursabweichung (Off Course Alarm)

Sie können einstellen, ab welcher Abweichung vom Soll-Kurs das Gerät mit einem Signalton und einer Warnmeldung auf diese Kursabweichung hinweisen soll.

092gp Abb.: rh

▲ *Bei ständig eingeschaltetem Gerät kann die Länge der zurückgelegten Strecke exakt gemessen werden*

Weitere Alarmfunktionen

Außerdem verfügen viele Geräte über eine **Batterieanzeige,** die automatisch warnt, wenn die Batterien nahezu erschöpft sind, und über zeitliche Alarmfunktionen wie z. B. Countdown-Alarm (Signal nach Ablauf einer eingestellten Zeitspanne) oder Weckerfunktion.

Entfernungen

Das GPS-Gerät kann nicht nur die Entfernung zwischen zwei einzelnen Wegpunkten anzeigen, sondern auch die Länge der zurückgelegten Strecke exakt messen – unabhängig von Schrittlänge, Zeit und Windungen des Wegs. Dies funktioniert aber nur bei ständig eingeschaltetem Gerät, da dann jede Sekunde die momentane Position bestimmt wird und aus den einzelnen Positionsveränderungen die exakte Weglänge berechnet werden kann. Beachten Sie jedoch, dass das Gerät alle Entfernungen

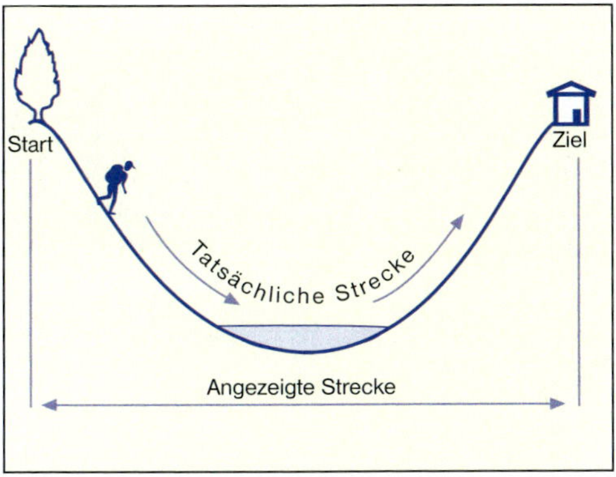

nur in der Ebene misst – also entsprechend den Entfernungen auf der Karte. Eine Strecke wird aber naturgemäß umso länger, je steiler das Gelände ist. Diese zusätzliche Distanz wird vom GPS-Gerät nicht registriert.

258gp Abb.: rh

Vor dem Start
Зил
К 685 НХ 41
RUS

So fantastisch die Leistungsfähigkeit der Geräte auch sein mag, eines darf man sicher nicht erwarten: dass man sich so ein Ding kauft, es in die Tasche steckt, loszieht und unterwegs (nachdem man sich ordentlich verfranst hat) wieder herauszieht und fragt: Wo bin ich denn nu? Und wie finde ich wieder nach Hause?!

Ganz so einfach ist es nicht. Vor dem Start gibt es ein paar „Hausaufgaben" zu erledigen – die sich aber rasch und ohne große Mühe bewältigen lassen.

Zur Vorbereitung des GPS-Empfängers auf die praktische Arbeit gehören:

- Initialisierung
- Anpassung an Karte und Kompass.

Beides ist für jede Tour nur einmal erforderlich, solange man Landkarten mit identischen Bezugsystemen (Datum und Gitter) verwendet.

Initialisierung

Wenn Sie das neu erworbene Gerät zum ersten Mal einschalten, werden Sie sich vielleicht fragen, ob es überhaupt richtig funktioniert. Wahrscheinlich starren Sie minutenlang gespannt auf das Display und lesen immer nur „Acquiring" oder „Satelliten erfassen". Sie warten und warten – aber keine Position erscheint. Keine Sorge! Das ist völlig normal und wird sich rasch ändern.

Um die verfügbaren Satelliten schnell zu finden, braucht das Gerät Informationen darüber, zu welchem Zeitpunkt es welche Satelliten wo suchen muss. Diese Informationen sendet jeder Satellit als so genannte ↗**Almanach-Daten.** Sie werden im GPS-Gerät gespeichert, können

Almanach-Daten (Almanac)
Ein Datensatz, der die Informationen über die Umlaufbahnen aller Satelliten enthält. Sie sind für ca. 1-2 Monate aktuell.

aber nur dann genutzt werden, wenn das Gerät ungefähr weiß, wo es sich befindet, denn der Himmel über dem Nordkap ist natürlich ein ganz anderer als der über dem Kongo.

Moderne Geräte sind zwar dazu in der Lage, ihre Position selbst herauszufinden, benötigen für diese **Initialisierung** aber etwa 5–10 Minuten, da sie mühsam den ganzen Himmel nach Satellitensignalen absuchen müssen. Viel schneller geht es, wenn man das Gebiet eingibt, in dem man sich befindet. Bei älteren Geräten müssen hierfür noch Koordinaten eingetippt werden. Viele neuere Geräte blenden dazu nach dem Start einen Bildschirm ein, auf dem man auswählen kann, ob der Standort vom Gerät selbst ermittelt werden soll **(Autolocate)** oder nicht **(Select Country)**.

Tipp
Da die Übertragung der Almanach-Daten über 12 Minuten dauern kann, sollte das Gerät bei der Initialisierung etwa eine Viertelstunde eingeschaltet sein, damit es die kompletten Almanach-Daten erfasst.

Wählt man Select Country, so erscheint eine Liste von Ländern, die man durchscrollt, um das richtige Land auszuwählen (manche Geräte bieten auch eine vereinfachte Weltkarte, auf der man mit dem Cursor einfach die ungefähre Region anklickt).

Starke Abschattung
Bei starker Abschattung erhält man u. U. ebenfalls die Meldung „Schlechter Satellitenempfang" und die genannten Optionen. In diesem Fall jedoch ***nicht*** *„Autolocate" wählen, da das Gerät wegen des schlechten Empfangs nicht dazu in der Lage sein wird. Bei neueren Garmin-Modellen kann man bei der Meldung „Schlechter Satellitenempfang" die Optionen „Neue Position" und „Auf der Karte" anklicken, worauf eine Weltkarte eingeblendet wird, auf der man nur noch grob auf den momentanen Aufenthaltsort klicken muss. Fertig!*

Autolocate
Bei automatischer Initialisierung durch das Gerät ist hindernisfreier Satellitenempfang besonders wichtig. Sonst kann die Initialisierung entweder sehr lange dauern oder gar unmöglich sein.

Die Initialisierung ist nur erforderlich:
- Wenn man das Gerät neu gekauft hat und zum ersten Mal benutzt.
- Wenn man sich mit ausgeschaltetem Gerät über 300 km von der zuletzt berechneten Position entfernt hat.
- Wenn das Gerät längere Zeit (1–2 Monate) nicht benutzt wurde.
- Falls der Empfängerspeicher gelöscht wurde.

In diesen Fällen stehen keine ausreichend aktuellen Almanach-Daten zur Verfügung.

Kalt-/Warmstart

Wenn das Gerät einmal initialisiert ist und über aktuelle Almanach-Daten verfügt, dauert die exakte Positionsbestimmung meist höchstens 1–2 Minuten – und moderne Geräte mit SiRFstarIII-Empfänger schaffen eine Positionsbestimmung unter idealen Bedingungen innerhalb einer Sekunde, also buchstäblich mit dem Einschalten. Wie schnell es geht, hängt von der Aktualität der **Almanach- und ↗Ephemeris-Daten** ab.

Ephemeris-Daten
Die Vorhersage der Satellitenpositionen zu einem bestimmten Zeitpunkt, die mit den GPS-Daten übermittelt wird. Sie sind exakter als die Almanach-Informationen, aber nur für max. 6 Stunden aktuell.

Von einem **Warmstart** spricht man, wenn Almanach- und Ephemeris-Daten aktuell sind, d. h. wenn das Gerät innerhalb der letzten 6 Stunden in der gleichen Regi-

on eine Position ermittelt hat. Dann erfordert eine Positionsbestimmung mit bisherigen Empfängern etwa 15 Sekunden, mit neuen SiRFstar-Empfängern 1 Sekunde.

Wenn die letzte Positionsbestimmung länger als 6 Stunden zurückliegt, sind die Ephemeriden veraltet, aber die Almanach-Daten noch aktuell. Dann spricht man von einem **Kaltstart,** der etwa 45 Sekunden erfordert (mit SiRFstar-Empfängern ca. 5–10 Sekunden). Je mehr neue Satelliten seit dem letzten Einschalten über den Horizont gekommen sind, desto länger dauert es.

Temperaturverschiebung?
Manche Autoren bezeichnen die Neu-Initialisierung als „Kaltstart", den von mir als Kaltstart bezeichneten Vorgang als „Warmstart" und das, was ich Warmstart nenne, als „Heißstart". An den Fakten ändert das nichts.

Sind weder Ephemeriden noch Almanach-Daten bekannt, muss das GPS-Gerät **neu initialisiert** werden (s. o.).

Setup: die richtige Einstellung

Solange man ausschließlich mit dem GPS-Gerät arbeitet (was gewöhnlich nur bei kürzeren Touren der Fall ist), spielen die Einstellungen des Geräts keine wesentliche Rolle. Will man aber Koordinaten zwischen Gerät und Karte übertragen oder vom Gerät angezeigte Kurswinkel am Kompass einstellen, dann müssen beide die gleichen Grundlagen verwenden, damit es nicht zu „Missverständnissen" (sprich: Fehlern) kommt. Die Einheiten müssen zusammenpassen! Tun sie das nicht, dann ist es, als würde man Meilen und Kilometer verwechseln.

Die „Einheiten" der Landkarte sind das Koordinatensystem und das Kartendatum (s. S. 19ff.). Das bedeutet: Am Gerät müssen im Menü „Setup" zunächst das Koordinatensystem und das Kartenda-

tum der verwendeten Landkarte eingestellt werden (z. B. UTM und WGS84 oder Gauss-Krüger und Potsdam-Datum). Und um einen vom Gerät ermittelten Kurswinkel direkt auf den Kompass übertragen zu können, müssen die Bezugsrichtungen zusammenpassen, d. h. am Gerät muss dann unter „Kursreferenz" (Heading) die passende Option ausgewählt sein (s. u.).

Diese Möglichkeiten bietet das **Setup-Menü** („Einstellungen"), das teilweise mehr als ein Dutzend Untermenüs umfasst – u. a. für Datum und Uhrzeit, Bildschirmkontrast, Hintergrundbeleuchtung und Signaltöne, Kartendarstellung, Maßeinheiten, Speicherkriterien und Schnittstellen. Besonders wichtig sind die **Navigationseinstellungen** im Untermenü **„Einheiten"** (bei älteren Geräten „NAV SETUP").

System-Menü

Hier können Sie zunächst einige Einstellungen zur Arbeitsweise des Geräts selbst auswählen. Dabei haben Sie meist einige (aber nicht immer alle) der folgenden Optionen:

- **GPS/Betriebsart:** „Normal" (Positionsberechnung im Sekundentakt), „Energiesparmodus" (Positionsberechnung in größeren Zeitintervallen), „GPS aus" (spart Strom, solange man keine Positionsberechnung braucht) und „Vorführmodus" oder „Simulation" (um wesentliche Funktionen auch ohne GPS-Empfang auszuprobieren).
- **WAAS/EGNOS:** „aktivieren" oder „deaktivieren", je nachdem, ob man die Korrekturinformationen dieser Systeme (s. S. 53) nutzen will oder nicht.
- **Batterietyp:** „Alkaline-Batterien", „NiMH-Akku" – manchmal auch „Lithium".
- Außerdem können Sie hier z. B. die **Textsprache** auswählen, **externe Stromversorgung** und **Annäherungsalarme** ein- bzw. ausschalten.

Einheiten

Hier müssen unbedingt das richtige **Koordinaten- und Kartenbezugssystem** (Datum) ausgewählt sein, wenn man Informationen zwischen Gerät und Karte übertragen will.

Positionsformate (Koordinatensystem)

In diesem Untermenü wird das Format des Koordinatensystems (s. S. 19ff.) eingestellt, in dem das Gerät die Position anzeigen soll. Voreingestellt ist oft die Angabe der geografischen Länge und Breite in Grad und Dezimalminuten; man kann aber auch die Angabe in Grad, Minuten und Sekunden, in Grad mit Dezimalstellen sowie in verschiedenen geodätischen Gittern (z. B. in UTM/UPS, Gauss-Krüger, Schweizer, MGRS und anderen Gitternetzformaten) einstellen. Arbeitet man ohne Landkarte, spielt die Formateinstellung keine Rolle, da die Koordinaten dann ohnehin nicht abgelesen werden. Will man jedoch Koordinaten zwischen Karte und GPS-Gerät übertragen, müssen die Formate natürlich übereinstimmen, d. h. das eingestellte Positionsformat muss dem Gitter der benutzten Karte entsprechen, damit die Punkte korrekt übertragen werden. Um mit ver-

Stromsparen im Wald?

Unter schwierigen Empfangsbedingungen, wie z. B. im Wald, ist der Stromsparmodus nicht zu empfehlen, da wegen der größeren Abstände zwischen den Messungen vielleicht gerade dann nicht gemessen wird, wenn genügend Satelliten empfangen werden könnten. Daher ist es besser, vorher auf Normalmodus umzuschalten. Bei Geräten mit SiRFstarIII-Chipsatz ist dies nach meinen Erfahrungen nicht erforderlich, da sie auch im Wald ausreichend empfangsstark sind.

schiedenen Gitterformaten arbeiten zu können, sollte das GPS-Gerät über alle gängigen Koordinatensysteme verfügen. Am wichtigsten sind Länge/Breite, UTM und Gauss-Krüger (German Grid). Dann rechnet es alle eingegebenen Koordinaten automatisch in das jeweils ausgewählte System um.

Kartenbezugssysteme (Kartendatum)

Wenn man Koordinaten zwischen GPS-Gerät und Karte übertragen will, muss das Bezugssystem oder Kartendatum (s. S. 36ff.) der verwendeten Karte eingestellt werden. Arbeitet das GPS-Gerät mit einem anderen Kartendatum als die Karte, können sich beim Übertragen der Position auf die Karte Fehler ergeben (s. Abb. S. 39). Falls auf der Karte kein Datum angegeben ist, kann man versuchen, es vom Verlag zu erfahren. Im Zweifelsfall behalten Sie die Einstellung WGS84 bei. Arbeitet man nur mit dem GPS-Gerät ohne Karte, spielt das eingestellte Kartendatum keine Rolle. Derzeit werden alle neuen Karten für die vereinfachte GPS-Arbeit auf WGS84 und UTM-Gitter umgestellt.

255gp Abb.: gm

Benutzer-Bezugssystem

Sollte Ihre Karte ein Bezugssystem verwenden, das sich am Gerät nicht einstellen lässt (was höchst selten vorkommen dürfte!), so haben Sie die Möglichkeit, es unter „Benutzer-Bezugssystem" (User Map Datum) selbst einzugeben. Die erforderlichen Parameter zur Umrechnung aus WGS84 für über 200 Bezugssysteme finden Sie unter www.kowoma.de/gps/geo/mapdatum/mapdatums.php.

Maßeinheiten (Units)

Alle Entfernungen und Geschwindigkeiten können in britischen, nautischen oder metrischen Maßeinheiten angezeigt werden, die Winkel meist in Grad oder mils. Die gewünschten Einheiten, in denen die Informationen angezeigt werden sollen, kann man im Unterpunkt „Units" des Setup-Menüs auswählen. Für die Outdoor-Navigation sind metrische Maße und Grad am sinnvollsten.

Kursreferenz/Nordreferenz/ Steuerkurs (Heading)

Um Kurswinkel anzugeben, bezieht sich das Gerät (wie ein Kompass) auf die Nordrichtung. Dummerweise gibt es aber mehrere verschiedene Nordrichtungen (siehe Exkurs „Wo ist Norden?"). Im Gegensatz zum Kompass kann das GPS-Gerät die Kurswinkel nicht nur in Bezug auf die magnetische Nordrichtung (AUTO MAG) angeben, sondern wahlweise auch in Bezug auf die geografische Nordrichtung (TRUE) oder auf Gitternord (GRID).

256gp Abb.: gm

Vor dem Start

Wo bitte ist Norden?

„Norden ist auf der Landkarte immer oben", das hat man ja schon in der Grundschule gelernt. Denkste! Das stimmt (wie so viele Schulweisheiten!) nur grob. Tatsächlich gibt es drei verschiedene Nordrichtungen:

- ***Geografisch-Nord** (GeN) ist die Richtung zum geografischen Nordpol und wird daher auch als rechtweisend Nord bezeichnet. In dieser Richtung verlaufen die Längengrade (Meridiane).*
- ***Magnetisch-Nord** (MaN) ist, etwas vereinfacht gesagt, die Richtung zum magnetischen Nordpol, also die Richtung, in die gewöhnlich die Kompassnadel weist. Nun liegt der Magnetpol aber leider nicht am geografischen Pol, sondern über tausend Kilometer davon entfernt, weshalb die Kompassnadel nur an wenigen Stellen der Erde genau die geografische Nordrichtung anzeigt. Hinzu kommt, dass der Magnetpol seine Lage laufend verändert, dass seine Bewegungen längerfristig schwer vorherzusagen sind und dass örtliche Störungen das Magnetfeld zusätzlich beeinflussen. In manchen Regionen (z. B. Mitteleuropa) sind die Abweichungen so gering, dass man sie vernachlässigen kann, aber im Norden Kanadas oder auf Grönland können sie so extreme Werte annehmen, dass die Kompassnadel nach Osten oder Westen weist anstatt nach Geografisch-Nord.*

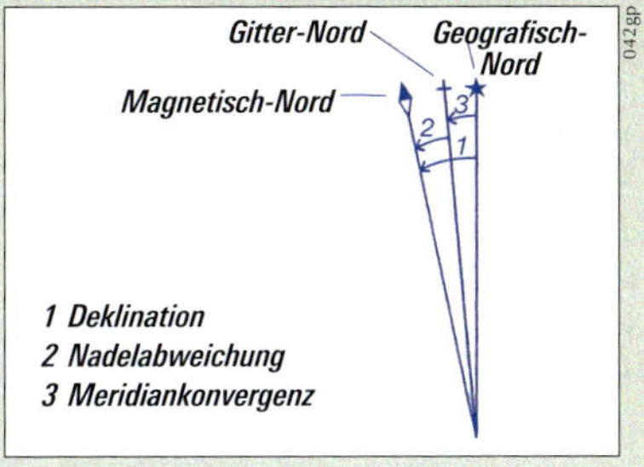

- ***Gitter-Nord*** *(GiN) ist die Richtung, in die auf Karten die geodätischen Gitterlinien weisen. Da sie im Gegensatz zu den Längengraden parallel verlaufen, kann nur eine Gitterlinie mit der geografischen Nordrichtung zusammenfallen. Die Abweichung der übrigen Gitterlinien ist jedoch meist so gering, dass man sie für die Orientierung vernachlässigen kann.*

Entsprechend den unterschiedlichen Nordrichtungen gibt es auch drei verschiedene Arten von Nordlinien:

- ***geografische Nordlinien*** *entsprechen den Längengraden und weisen exakt die geografische Nordrichtung*
- ***geodätische Nordlinien*** *(Gitter für die Landvermessung) verlaufen parallel, aber nicht genau in der geografischen Nordrichtung*
- ***magnetische Nordlinien*** *(Magnetfeld der Erde) verlaufen in der Nordrichtung, die der Kompass zeigt, also zum magnetischen Nordpol (sie sind auf Landkarten sehr selten dargestellt).*

Arbeiten Sie nur mit dem GPS-Gerät, spielt auch die Einstellung der Nordrichtung keine Rolle. Der Pfeil auf der Navigationsseite weist stets die genaue Richtung zum ausgewählten Ziel – ganz unabhängig von der eingestellten Nordreferenz, Nadelabweichung oder Deklination. Verlangen Sie das einmal von einem Kompass!

Sobald jedoch – was in der Praxis häufig der Fall ist – der vom Gerät ermittelte Kurswinkel am Kompass eingestellt werden soll, müssen wiederum die „Einheiten" (Bezugsgrundlagen) zusammenpassen. Das Gleiche gilt, wenn Sie für die Wegpunkt-Projektion (s. S. 158) Winkel zwischen Karte und Gerät übertragen wollen.

Wählen Sie als **Kursreferenz** eine dieser folgenden Einstellungen:

- **Magnetische Nordrichtung (AUTO MAG, Magnetisch)** – wenn Winkel zwischen dem Gerät und einem Kompass **ohne Missweisungsausgleich** übertragen werden sollen. Heutige GPS-Geräte enthalten in ihrem Speicher Informationen über die ↗**Deklination** für jedes Gebiet der Erde und können daher diese Differenz berücksichtigen. Dann brauchen Sie beim Übertragen von Kurswinkeln vom Gerät auf den Kompass die Deklination nicht zu beachten. Und sollte die Abweichung zwischen Magnetisch- und Geografisch-Nord sich im Verlauf der Tour verändern (meist nur bei sehr langen Strecken), so berücksichtigt das Gerät jeweils die Deklination am aktuellen Standort.
- **Geografische Nordrichtung** (TRUE, Wahr) – wenn Sie einen Kompass mit Missweisungsausgleich verwenden. Dann können die Kurswinkel der GPS-Anzeige nicht nur direkt auf den Kompass, sondern auch direkt auf eine Karte mit geografischem Netz übertragen werden, ohne etwas umrechnen zu müssen.
- **Gitter-Nord (GRID, Gitter)** – wenn Sie Winkel zwischen Gerät und Karte übertragen wollen (beispielsweise für die Wegpunkt-Projektion).

Deklination

Als Deklination bezeichnet man die Differenz zwischen Geografisch- und Magnetisch-Nord. Sie ist veränderlich und in Mitteleuropa derzeit nahe Null, sodass man sie hier ignorieren darf. In anderen Regionen (z. B. Skandinavien, Alaska, Neuseeland) kann sie jedoch erhebliche Werte annehmen!

Geografisch = Gitter?

Die Abweichung zwischen Geografisch- und Gitter-Nord ist außerhalb der Polarregionen so gering (in unseren Breiten ca. 2°), dass sie im Rahmen der Kompass-Ungenauigkeit liegt und daher für die meisten Orientierungszwecke ignoriert werden kann. Eine Abweichung von 2° entspricht dem Winkel, den der Minutenzeiger der Uhr in 20 Sekunden zurücklegt, und bewirkt eine Kursabweichung von ca. 35 m auf einen Kilometer.

Achtung: *Für die Wegpunkt-Projektion auf mehrere Kilometer und für polnahe Regionen muss diese Differenz beachtet werden!*

Missweisung per GPS ermitteln
Falls Sie am Kompass die Missweisung (Deklination oder Nadelabweichung) ausgleichen wollen, aber auf der Karte keine aktuellen Informationen dazu finden, so kann Ihnen auch hier das GPS-Gerät weiterhelfen. Wenn Sie bei einem neueren Garmin-Modell unter „Steuerkurs", „Nordbezug" die Einstellung „Gitter" bzw. „Magnetisch" wählen, so zeigt das Gerät darunter die entsprechende Missweisung am aktuellen Standpunkt an!

- **Benutzer (USER, USER MAG)** – wenn Sie die Größe der Deklination (in Grad) und ihre Richtung (Ost oder West) manuell **selbst eingeben** wollen. Das kann nützlich sein, wenn man sich in Regionen mit starken magnetischen Schwankungen befindet, die das Gerät nicht gespeichert hat. Dann müssen Sie diese Werte aber auch selbst ermitteln (gewöhnlich auf der Kartenlegende angegeben) und unter Umständen regelmäßig aktualisieren, da sie sich von Ort zu Ort verändern können.

Kompass-Einstellung

Bei manchen Geräten mit elektronischem Kompass (z. B. GPSmap60 CS) kann man auf dieser Seite einstellen, wann der Kompass automatisch zu- bzw. abgeschaltet werden soll, um Strom zu sparen. Da das Gerät in Bewegung keine Kompasshilfe braucht, um die Zielrichtung zu weisen, kann man einstellen, dass der Kompass erst im Stillstand zugeschaltet wird bzw. erst nach einem Stillstand von einer bestimmten Dauer – sonst wird er jedes Mal sofort aktiviert, wenn man nur kurz stehen bleibt, um zu schauen.

Kompass-Kalibrierung

Ein elektronischer Kompass ist sehr empfindlich gegen elektromagnetische Störungen und kann leicht verstellt werden, z. B. schon durch einen Transport im Fahrzeug oder den Batteriewechsel. Damit er wieder zuverlässig funktioniert, muss er neu geeicht (kalibriert) werden – sicherheitshalber vor jeder Tour. Zum Glück ist das rasch und einfach zu bewerkstelligen: Achten Sie darauf, dass keine Fahrzeuge, Stromleitungen etc. in der Nähe sind, wählen Sie im Menü die Funktion „Kompass kalibrieren", legen Sie den Kompass auf eine waagerechte Fläche und drehen Sie ihn langsam zwei ganze Umdrehungen in die gleiche Richtung. Fertig!

255gp Abb.: gm

Gewöhnlich wird am Bildschirm sogar angezeigt, ob Sie zu langsam, zu schnell oder richtig drehen. Außerdem erhält man anschließend eine Meldung, ob die Kalibrierung erfolgreich war oder nicht.

Anzeige

Hier können Sie die **Display-Einstellungen** festlegen: bei Schwarz-Weiß- und Graustufen-Displays den **Kontrast,** bei Farbdisplays verschiedene Farbeinstellungen. Wichtig ist auch die Regulierung der **Hintergrundbeleuchtung** (Helligkeit und Dauer), da sie viel Strom kostet.

Zeit

Das GPS-Gerät zeigt neben dem **Datum** die exakte **Uhrzeit** an. Da es sich dabei um die UTC-Zeit (**U**niversal **T**ime **C**oordinated = Koordinierte Weltzeit)

handelt, die sich auf die GMT (**G**reenwich **M**ean **T**ime) bezieht, müssen Sie die entsprechende Zeitdifferenz eingeben, damit es die korrekte **Ortszeit** anzeigt. Für die Mitteleuropäische Zeit (MEZ) ist dies +1, für die Osteuropäische Zeit +2 etc. Manche Menüs gestatten auch die Auswahl nach der Zeitzone (z. B. MEZ) oder sogar nach der nächsten größeren Stadt. Außerdem kann man hier das **Zeitformat** (12 oder 24 Stunden) auswählen und die Einstellungen für Sommer- und Winterzeit vornehmen.

Checkliste vor der Tour

- ❑ *Sind Koordinatensystem und Kartendatum richtig eingestellt?*
- ❑ *Ist die richtige Nordreferenz ausgewählt?*
- ❑ *Sollten Kilometerzähler, max. Geschwindigkeit, Höhendaten etc. auf Null gesetzt werden?*
- ❑ *Ist der Tracklog-Speicher gelöscht und die Funktion Tracklog aktiviert?*
- ❑ *Müssen Kompass/Höhenmesser kalibriert/justiert werden?*
- ❑ *Soll eine Route aktiviert werden?*

246gp Abb.: gm

etrex
VISTA
GARMIN

Wie das Kapitel „GPS-Software und Funktionen" gezeigt hat, können moderne GPS-Geräte weit mehr als nur eine Position ermitteln. Sie bieten so vielfältige Möglichkeiten, dass die Bezeichnung GPS (Global Positioning System) eigentlich längst durch GNS (Global Navigation System) ersetzt werden müsste. Doch nach wie vor sind Koordinaten das A und O jeder GPS-Arbeit. Ohne sie geht praktisch gar nichts. Deshalb muss man zunächst wissen, wie man sie ermittelt und ins Gerät eingibt und, was man damit anfangen kann.

Koordinaten können auf zwei verschiedene Arten ermittelt werden:

- **Koordinaten des aktuellen Standorts** (Position Fix) bestimmt man mit dem GPS-Gerät.
- **Koordinaten von Wegpunkten** (Waypoints) liest man aus der Karte oder anderen Quellen ab.

Koordinaten der aktuellen Position

Ermitteln: Nichts einfacher als das. Dazu braucht man das initialisierte Gerät nur unter freiem Himmel einzuschalten. Innerhalb von einigen Sekunden oder maximal 1–2 Minuten ermittelt es die aktuelle Position und zeigt sie im ausgewählten Koordinatensystem an. Zusätzlich werden meist Höhe sowie Datum und Uhrzeit angezeigt. Die „nackten" Koordinaten sind allerdings für die Orientierung noch nicht sehr hilfreich. Um etwas damit anfangen zu können und den aktuellen eigenen Standort in Relation zum Gelände zu kennen, müssen sie auf die Landkarte übertragen werden (s. u. „Koordinaten übertragen", S. 166ff.). Es gibt jedoch auch bereits Handgeräte, die topografische Karten darstellen können und dann den Standort direkt auf der Karte anzeigen.

Wegpunkt speichern beim Garmin GPSmap 60CSx: Unter einer Nummer oder einem Namen werden neben den Positionskoordinaten auch Datum, Uhrzeit und Höhe gespeichert

Beim Ermitteln der Koordinaten mit dem GPS-Gerät darauf achten, dass keine Hindernisse (Bäume, Felsen oder der eigene Körper) einzelne Satelliten abschatten.

Speichern: Die Koordinaten jedes vom Gerät ermittelten Standorts lassen sich durch simplen Knopfdruck (z. B. „MARK“, „WPT“ oder „ENTER“-Taste) abspeichern und mit einer Bezeichnung versehen.

Beim Speichern eines vom GPS-Empfänger ermittelten Standorts spielt es keine Rolle, welches Koordinatensystem und Kartendatum ausgewählt sind – wichtig ist dies nur für die Übertragung der Koordinaten auf die Landkarte.

Mehr Genauigkeit durch Mitteln

Sofort nach Ermittlung der ersten Position kann diese Angabe auf Grund verschiedener Faktoren noch relativ ungenau sein. Die meisten Geräte zeigen ei-

Das Mitteln der Position erhöht die Genauigkeit

240gp Abb: gm

nen ungefähren Schätzwert für die Fehlergröße. Beobachtet man das Display einige Momente, so merkt man, dass sich die angezeigten Koordinaten ständig leicht verändern und die Fehlergröße gleichzeitig abnimmt.

Da das Gerät jede Sekunde eine Positionsberechnung durchführt, kann es die Streuung berücksichtigen und einen Mittelwert bilden, der sich der tatsächlichen Position zunehmend annähert. Warten Sie daher ca. 20 Sekunden bis die Schwankungen nachlassen und eine geringe Fehlergröße angezeigt wird.

Viele Modelle bieten im Menü „Wegpunkt speichern" die Option „Position mitteln", die man für mehr Genauigkeit anklicken kann. Danach etwa 20 Messungen abwarten.

! Beim Mitteln kann der Stromspar-Modus etwas lästig werden, da das GPS-Gerät dann erheblich langsamer arbeitet, weil es die Positionen nur im Abstand von 5 oder 10 Sekunden berechnet.

Bezeichnung gespeicherter Punkte

Wegpunkte kann man vor dem Speichern mit einem Namen (aus meist 4–6 Buchstaben) versehen. Wählt man gar nichts aus, so erhält jeder Wegpunkt vom Gerät automatisch eine fortlaufende Nummer zugewiesen. Für mehr Übersicht wählen Sie besser eine aussagekräftige **Bezeichnung** (z. B. „Start", „Camp", „Hütte" etc.), die Ihnen hilft, den Punkt einer bestimmten Stelle auf der Karte zuzuordnen. Für längere Touren oder umfassendere Wegpunkt-Archive reichen solch einfache Bezeichnungen allerdings nicht mehr aus, immerhin speichern heutige Geräte 500 oder 1000 Wegpunkte. Gleichzeitig sollen die Bezeichnungen aber kurz gehalten werden um z. B. die Kartenseite nicht zu „überfüllen". Ein guter Kompromiss ist daher eine Buchstaben-/Ziffern-Kombination, die es erlaubt, die Wegpunkte einzelnen Touren, Pfaden oder Regionen zuzuordnen: SA01, SA02 für „Schwäbische Alb, Wegpunkt 1", „Wegpunkt 2" etc. oder WCT01, WCT02 etc. für „West Coast Trail Wegpunkt 1",

242gp Abb.: gm

◀ *Wegpunkte können mit Namen versehen werden, indem man die Buchstaben und Ziffern am Display auswählt*

▼ *Den Wegpunkt Gipfel mit einem Symbol speichern*

249gp Abb.: gm

„Wegpunkt 2" etc. Das schafft Ordnung und lässt sich dennoch rasch eingeben. Zusätzlich kann man die Wegpunkte mit einem **Symbol** (Parkplatz, Hütte, Gipfel, Kreuzung, See, Camp) kennzeichnen.

Sinnvollerweise sollte man den gespeicherten Wegpunkt mit der entsprechenden Bezeichnung zusätzlich auf der Karte vermerken – und/oder mit Bezeichnung und Koordinaten in einem kleinen Notizbuch festhalten. Manchmal können zusammen mit den Koordinaten des Punktes auch noch weitere Informationen gespeichert werden (s. u.).

Standort und Wegpunkte ermitteln und speichern

	Standort	Wegpunkte
Koordinaten	*werden vor Ort vom Gerät ermittelt*	*müssen aus der Karte oder anderen Quellen abgelesen werden*
Beachten	*Satellitenempfang im 3-D Modus*	*Einstellung von Koordinatensystem und Datum müssen dem der Karte entsprechen*
Eingabe	*per Knopfdruck (z. B. „Mark")*	*durch Eingabe der einzelnen Buchstaben und Ziffern per Tastatur*
Koordinatensystem/Kartendatum	*beeinflussen nicht die gespeicherte Position, aber die angezeigten Koordinaten*	*beeinflussen den gespeicherten Wegpunkt, aber nach der Eingabe können beide beliebig konvertiert werden*

Wegpunkte

Koordinaten von Wegpunkten ermitteln

Bereits bei der Planung kann man die Position wichtiger Punkte entlang der Route im Gerät abspeichern, indem man deren Koordinaten eingibt.

Ermitteln: Diese Koordinaten kann man beispielsweise aus der Karte ermitteln (s. u.) und über die Tastatur als Wegpunkte eingeben. Zunehmend werden Positionen von Berghütten, Gipfeln etc. aber bereits mit Koordinaten angegeben. Außerdem kann man zu Hause auf dem Computer mit einer digitalisierten Karte arbeiten, die zu jeder Mausposition die Längen- und Breitenkoordinaten anzeigt (s. S. 213ff.).

Speichern: Die Koordinaten werden auf der entsprechenden Menüseite über die Tastatur des Geräts eingegeben und abgespeichert. Da das Gerät keine Zifferntastatur besitzt, werden die einzelnen Ziffern (0 bis 9) jeweils auf dem Display angezeigt. Dort werden sie mit dem Cursor angesteuert und per „Enter" ausgewählt. Viel bequemer ist es, Wegpunkte oder ganze Routen mithilfe digitaler Karten und Wegpunkt-Programme (s. S. 245ff.) am Computer per Mausklick zu erstellen und dann auf das GPS-Gerät zu übertragen.

Die gespeicherten Punkte können – genau wie die der aktuellen Position – mit Namen versehen, zu Routen kombiniert, später bearbeitet und wieder gelöscht werden. Die meisten Geräte speichern zusätzlich zu jedem Punkt das Datum und die Uhrzeit, zu der er gespeichert wurde. Viele bieten außerdem die Möglichkeit, den Wegpunkt mit einem Symbol (z. B. für Camp, Parkplatz, Brücke, Angelstelle etc.) zu verbinden, das man aus einer Liste von Optionen auswählt und das dann auf der Kartenseite an der tatsächlichen Position erscheint.

Für die korrekte Eingabe müssen am GPS-Gerät das Koordinatensystem und Datum der benutzten Karte ausgewählt sein!

Das Speichern vom Gerät errechneter Positionen und die Eingabe aus der Karte oder anderen Quellen ermittelter Koordinaten gehört zu den wichtigsten Aufgaben der GPS-Arbeit. Beides sollte man üben, bis man die Prozedur mühelos beherrscht, ohne im Handbuch nachschlagen zu müssen.

Koordinaten aus der Karte ermitteln

Koordinaten aus der Karte zu ermitteln (bzw. „herauszumessen") ist an sich kein Hexenwerk, denn man macht eigentlich nichts anderes, als den Abstand zu den zugehörigen Gitterlinien zu messen. Voraussetzung ist also, dass die Karte ein aufgedrucktes Gitter hat. Alle neueren topografischen Karten sollten ein UTM-Gitter aufweisen. Anfangs kann der „Zahlensalat" unterschiedlicher Bezifferungen am Kartenrand verwirren, denn oft sind nicht nur die UTM-Gitterlinien beziffert, sondern auch noch am Rand angerissene geografische Koordinaten und sonstige Gitter. Zudem ist der Kartenrand manchmal recht weit vom gesuchten Punkt entfernt, sodass es (vor allem draußen im Gelände) nicht ganz einfach ist, die zugehörigen Gitterlinien zu verfolgen. Und schließlich ist es schlicht ein Stück Arbeit, besonders wenn die Koordinaten vieler Punkte zu ermitteln sind. Aber das Ermitteln und Übertragen von Koordinaten gehört zu den wichtigsten Grundaufgaben der GPS-Arbeit und mit etwas Übung hat man sich rasch daran gewöhnt.

Karten ohne Gitter

In manchen älteren Karten ist das Gitter nur am Rand angerissen. Dann muss man zunächst die zusammen gehörenden Markierungen mit einem langen Lineal verbinden und die Gitterlinien mit einem feinen Stift einzeichnen.

Im UTM-Gitter (mit Planzeiger, Ecklineal, Lineal)

Im UTM-Gitter (wie in jedem geodätischen Gitter) lässt es sich bequem arbeiten, da die Gitterlinien rechwinklig und parallel verlaufen, sodass ihre Abstände überall identisch sind. Man könnte daher einfach mit einem beliebigen Lineal oder Geodreieck hergehen und die Abstände messen (s. u.). Kein Problem! Es gibt aber auch Möglichkeiten, rascher und präziser zu arbeiten: den **Planzeiger** oder das **Ecklineal.** Beide Hilfsmittel bestehen aus zwei rechtwinklig zueinander angeordneten Linealen aus durchsichtigem Kunststoff, die es gestatten, Rechts- und Hochwert gleichzeitig abzulesen. Außerdem lassen sie sich durch ihre Form präziser parallel bzw. rechtwinklig zu den Gitterlinien anlegen als ein einfaches Lineal. Der einzige Unterschied besteht darin, dass beim Planzeiger die bei-

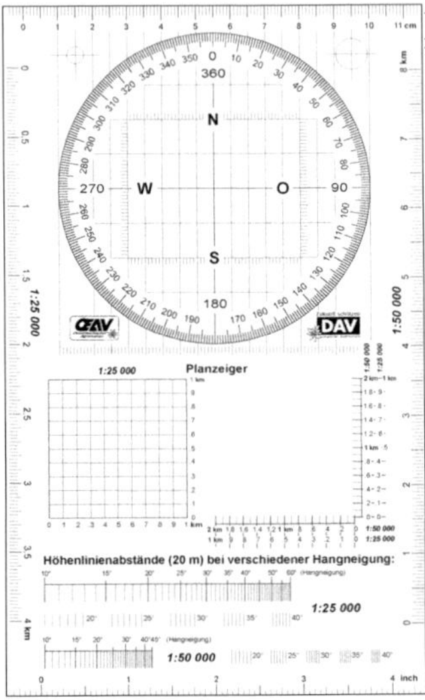

▲*Planzeiger des Deutschen Alpenvereins*

250gp Abb.: da

Bezugsquellen für Planzeiger/Ecklineal

Ecklineale für die gängigen Maßstäbe findet man auf den Grundplatten guter Kompasse. Planzeiger bekommt man in geografischen Buchhandlungen. Beides kann man auf stabiler Klarsichtfolie auch selbst herstellen – oder Vorlagen aus dem Internet herunterladen und auf Folie ausdrucken. Ein Ecklineal mit Skalen für verschiedene Maßstäbe ist unter www.maptools.com erhältlich. Den AV-Planzeiger mit vielen Zusatzfunktionen gibt es beim DAV-Shop: www.dav-shop.de.

den Skalen an der Innenseite der Schenkel angebracht sind, beim Ecklineal an der Außenseite.

Planzeiger bzw. Ecklineal unterteilen die Gitterfelder (bei Topos meist 1-km-Gitter) weiter in 100-m oder noch feinere Segmente und erlauben (je nach Maßstab) das Abschätzen bis in den 10-m Bereich. Das heißt: Jeder Maßstab erfordert eine eigene Skala. Dafür können Sie die Werte aber auch **direkt ablesen** und müssen **nichts umrechnen.** Die 100-m-Skala ist mit den Ziffern 1–9 beschriftet, dazwischen muss (evtl. mithilfe der feineren Unterteilung) geschätzt werden.

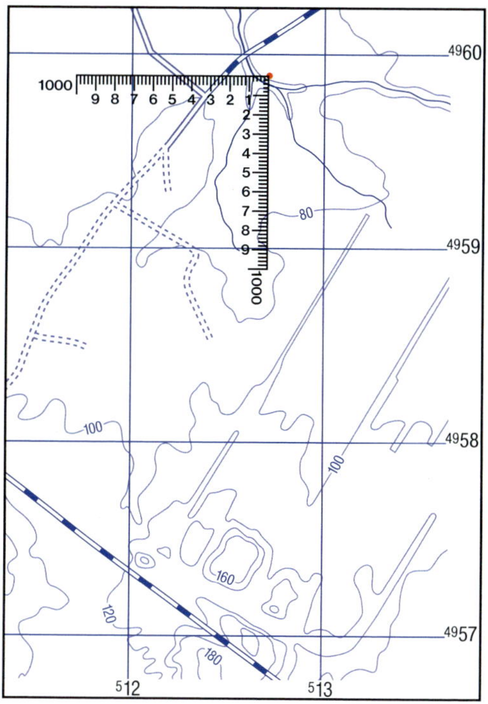

Das Herausmessen mit dem Ecklineal

Das Herausmessen mit dem Ecklineal (siehe Beispielskizze S. 148): Legen Sie das Ecklineal so auf die Karte, dass seine Kanten parallel zu den Gitterlinien laufen und die Ecke (Nullpunkt) genau den Punkt berührt, dessen Koordinaten Sie ermitteln wollen. Nun können Sie den Rechts- und Hochwert bequem an den beiden Gitterlinien ablesen, die das Ecklineal schneiden, zunächst den Rechtswert an der waagerechten Skala (im Beispiel 710), dann den Hochwert an der senkrechten Skala (im Beispiel 890). Die zugehörigen Kilometer-Werte sind am Kartenrand abzulesen und hinzuzufügen:

Rechtswert: 512000 plus 710 gleich 512710mE
Hochwert: 4959000 plus 890 gleich 4959890mN

Ecklineale für verschiedene Maßstäbe

Auf der hinteren inneren Umschlagseite sind mehrere Ecklineale abgedruckt.

Das Herausmessen mit dem Planzeiger (siehe Beispielskizze S. 150): Der Planzeiger wird mit der waagerechten Skala an der Gitterlinie unterhalb des zu bestimmenden Punktes angelegt und zwar so, dass seine senkrechte Skala den Punkt eben berührt. Nun kann man wiederum beide Werte ablesen: zunächst den Rechtswert am Schnittpunkt der waagerechten Skala mit der senkrechten Gitterlinie, dann den Hochwert an der senkrechten Skala – dort wo sie den Punkt berührt. Die dazugehörigen Kilometer-Werte sind wiederum am Kartenrand abzulesen und hinzuzufügen:

Rechtswert: 512000 plus 710 gleich 512710mE
Hochwert: 4959000 plus 890 gleich 4959890mN

Richtig anlegen

Ecklineal bzw. Planzeiger müssen immer so angelegt werden, dass der Punkt, um dessen Koordinaten es geht, rechts und oberhalb der Gitterlinien liegt, an denen man abliest. Das ist einfach zu merken, da man ja den Rechts- und Hochwert ermitteln will.

Das Herausmessen mit dem Planzeiger

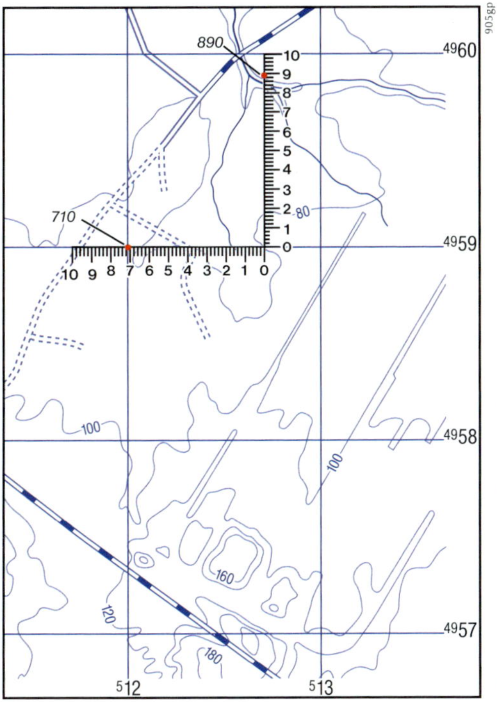

Tabelle 1

		1:100.000
Rechtswert	*710*	*7,1 mm ≙ 710 m*
Hochwert	*890*	*8,9 mm ≙ 890 m*

Tabelle 2

		1:100.000
Rechtswert	*710*	*7,1 mm ≙ 710 m*
Hochwert	*890*	*8,9 mm ≙ 890 m*

Das Herausmessen mit dem Lineal: Hat man weder Planzeiger noch Ecklineal, so kann man sich mit einem simplen Lineal behelfen. Dann muss man allerdings beide Werte nacheinander messen – und umrechnen. Nicht umrechnen müsste man beim Maßstab 1 : 100.000, da dann 1 km in der Natur genau einem Zentimeter auf der Karte entspricht und die 100-m-Skala der Millimeter-Skala am Lineal. Doch dieser Maßstab ist für Wanderungen zu ungenau. Meist benutzt man Karten im Maßstab 1 : 50.000 oder 1 : 25.000 und muss dann die abgelesenen Millimeter-Werte mit 50 bzw. 25 multiplizieren, um 100-m-Angaben zu erhalten, denn beim Maßstab 1 : 50.000 entspricht 1 mm auf der Karte 50 m in der Natur, bei 1 : 25.000 entspricht 1 mm 25 m.

Für den Punkt in obigem Beispiel, für den mit Planzeiger bzw. Ecklineal die Werte 710 und 890 ermittelt wurden, würden sich mit dem Lineal folgende Messungen ergeben (die dann entsprechend der Klammer umgerechnet werden müssen, s. Tabelle 1).

Für Kopfrechnungen kann es einfacher sein, zunächst durch 2 bzw. 4 zu teilen und dann die mm-Werte in Meterangaben zu konvertieren (s. Tabelle 2).

1:50.000	**1:25.000**
14,2 mm (x 50 ≙ 710 m)	*28,4 mm (x 25 ≙ 710 m)*
17,8 mm (x 50 ≙ 890 m)	*35,6 mm (x 25 ≙ 890 m)*

1:50.000	**1:25.000**
14,2 mm (: 2 ≙ 710 m)	*28,4 mm (: 4 ≙ 710 m)*
17,8 mm (: 2 ≙ 890 m)	*35,6 mm (: 4 ≙ 890 m)*

Eingabe ins GPS-Gerät: Eigentlich muss man nun einfach nur die ermittelte Ziffernfolge (Rechtswert 512710mE und Hochwert 4959890mN) zusammenfügen (5127104959890), das richtige Zonenfeld davorsetzen (z. B. 31T) und diese Buchstaben-/Ziffernkolonne (31T5127104959890) in das Gerät eingeben. Allerdings ist die richtige Seite für das Einfügen der Koordinaten bei verschiedenen Modellen auf sehr unterschiedliche Weise zu finden und auch die Art der Eingabe ist nicht immer gleich. Bei älteren Garmin-Geräten etwa gab es einfach eine Seite „Waypoint", auf der man dann eine leere Schablone erhielt, die recht mühsam und zeitaufwendig auszufüllen war. Bei neueren Modellen drückt man einfach die MARK-Taste, worauf das Gerät die Koordinaten des aktuellen (oder zuletzt ermittelten) Standorts anzeigt. Anstatt diese zu speichern, ändert man nun einfach die vorgegebenen Koordinaten entsprechend ab. Das hat den Vorteil, dass beim Eingeben von Punkten nahe dem zuletzt ermittelten Standort das Zonenfeld und die jeweils ersten Ziffern erhalten bleiben können.

264gp Abb.: rh

Will man jedoch vor der Reise Wegpunkte einer weit entfernten Region eingeben, so ist darauf zu achten, dass auch das **richtige Zonenfeld** (angegeben auf der Landkarte) eingegeben wird. Einen Fehler im Breitenband (Buchstabe) wird das Gerät anhand des Hochwertes erkennen und korrigieren – sofern man auf der gleichen Halbkugel bleibt (s. UTM-Gitter S. 25ff.). Die Zonennummer hingegen kann es nicht korrigieren – und wer sich hier vertut, den wird es um Hunderte von Kilometern vom gewünschten Ziel verschlagen.

Magellan-Geräte
verlangen vor den Koordinaten nur die Eingabe der Zonennummer; das Breitenband wird nicht eingegeben!

Bei Geräten ohne eigene MARK-Taste (z. B. eTrex) muss man zunächst zur Kartenseite gehen und dort mit dem Cursor einen beliebigen Punkt (möglichst nahe dem gesuchten Wegpunkt) anklicken. Man erhält dann die Frage „Anwenderpunkt anlegen" eingeblendet, klickt auf „Ja" und bekommt die Koordinaten des angeklickten Punktes angezeigt, die man nur noch entsprechend zu korrigieren braucht.

Koordinaten-Eingabe
Bei geodätischen Gittern muss stets die ganze Ziffernfolge der Koordinaten eingegeben werden inkl. Bezeichnung des Zonenfeldes (z. B. 32U) bzw. der Zonennummer (bei Magellan), die am Kartenrand vermerkt sein sollte. Achtung: Am Ende der Gitterlinien steht nicht immer die komplette Ziffernfolge! Außerdem ist auf die richtige Reihenfolge zu achten (erst Rechts- dann Hochwert). Beispiel: 32U 0506205, UTM 5330023 bzw. bei Magellan: 32506205 O 5330023 N

Im geografischen Netz

Im geografischen Netz ist das Übertragen der Koordinaten etwas schwieriger, da senkrechte und waagerechte Linien sich nicht exakt im rechten Winkel schneiden und der Abstand der senkrechten Linien nicht konstant ist, sondern um so geringer wird, je weiter man sich vom Äquator entfernt. Die Gitterlinien bilden daher keine gleichbleibenden Quadrate, sondern Trapeze, die mit zunehmender Polnähe immer schmaler und höher werden. Man

braucht also **zwei verschiedene Lineale** - und das nicht nur für jeden Maßstab, sondern zusätzlich für jede geografische Breite. Weiterhin kommt es darauf an, in welchem Abstand die Gitterlinien auf der Karte eingezeichnet sind: in Europa je nach Maßstab meist im Abstand von einer Minute (1′) oder von zehn Minuten (10′), in Amerika meist 7,5′ oder 15′.

Diese Klippe kann man umschiffen, indem man vor der Tour für die verwendete(n) Karte(n) einen **eigenen Netzteiler herstellt,** der dem Planzeiger für rechtwinklige Gitter entspricht. Am einfachsten geht dies mithilfe eines auf Gitterpapier aufgezeichneten Strahlenbüschels. Die Zahl der Strahlen richtet sich nach dem Abstand der Gitterlinien und danach, wie fein man sie unterteilen will (z. B. in Dezimalminuten oder Sekunden). Da man die Art der Anzeige am GPS-Gerät beliebig auswählen kann, ist es sinnvoll, mit Dezimalminuten zu arbeiten und bei Karten im Maßstab 1 : 25.000 oder 1 : 50.000 mit einer Genauigkeit von einer Stelle hinter dem Komma.

▼ *Netzteiler für das geografische Netz. Nicht zu verwechseln mit dem „Netzteiler" für Karten des Alpenvereins, der für geodätische Quadrate geschaffen wurde*

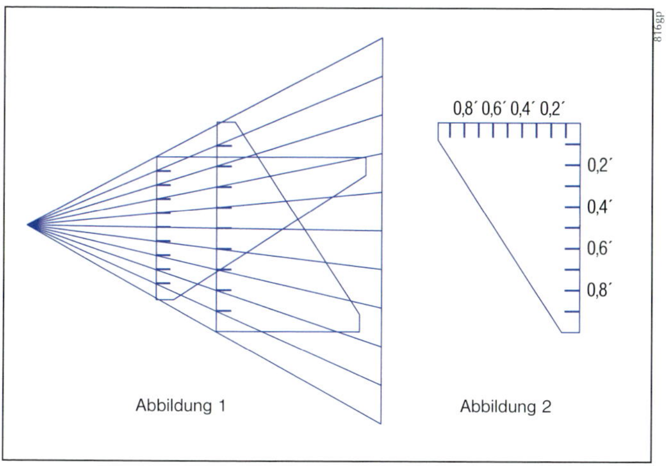

Bei den **gängigen Karten mit Minutenfeldern** (Abstand der Gitterlinien je 1′) muss das Büschel dann aus 11 Strahlen bestehen. Übertragen Sie nun das Minutenfeld der Karte auf Transparentpapier oder noch besser mit einem feinen Permanentstift auf dicke, durchsichtige Plastikfolie und legen Sie es einmal mit der Längs- und einmal mit der Querseite parallel zum Kästchengitter so zwischen die äußeren Strahlen, wie auf Seite 154, Abb. 1 gezeigt. Dann markieren Sie die Schnittpunkte der Strahlen mit der Folien-(bzw. Papier-)kante, die hierdurch in zehn gleich große Abschnitte unterteilt wird. So erhalten Sie einen Netzteiler (Abb. 2), der auf der Karte, für die er gefertigt wurde, genau wie ein Planzeiger angelegt und abgelesen werden kann und die Position im Minutenfeld auf 0,1 Minuten (also 6 Sekunden) genau anzeigt. Die Anzeige am GPS-Gerät muss dann auf Dezimalminuten eingestellt sein (also z. B. 66° 30,2′N 16° 0,4′E).

Richtige Hemisphäre

Beachten Sie, dass sich im geografischen Gitter (anders als im geodätischen Gitter!) für westliche Längen und südliche Breiten die Zählrichtung umkehrt (nicht mehr von links nach rechts bzw. von unten nach oben, sondern von rechts nach links bzw. von oben nach unten) – und der Netzteiler für diese Hemisphären daher entsprechend umgekehrt angelegt werden muss.

▼ *Anlegen des Netzteilers entsprechend der Hemisphäre*

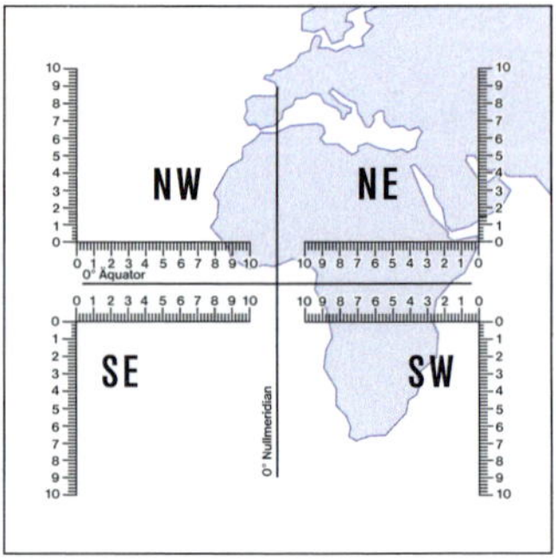

dd906

Eine andere gute Möglichkeit, Koordinaten eines Punkts im geografischen Netz zu ermitteln, bietet ein **Länge-/Breite-Lineal** wie man es z. B. von Silva für gängige Maßstäbe bekommt. Die Breite wird ermittelt, indem man das Lineal senkrecht zwischen zwei aufgedruckte Breitenlinien legt, sodass es mit der richtigen Skala den Punkt berührt. Dann wird am Punkt abgelesen. Zur Längener-

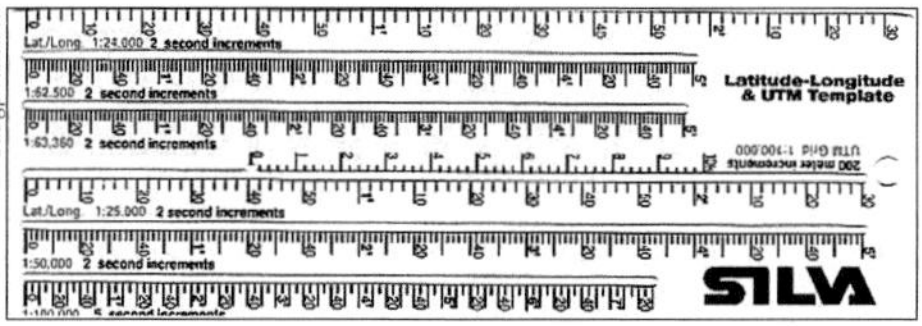

▲ *Länge-/Breite-Lineal für verschiedene Maßstäbe*

mittlung muss man das Lineal schräg zwischen zwei Längenlinien legen, sodass es von diesen begrenzt wird und zugleich den gesuchten Punkt berührt. Ein geeignetes Lineal erhält man z. B. im Lieferumfang des Kompass-Modells Eclipse 96GPS von Silva, das speziell für die Kombination mit GPS-Navigation entwickelt wurde.

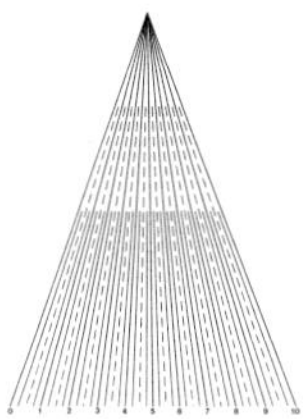

▲ *Eine Kopiervorlage zum Erstellen eines Netzteilers finden Sie im Anhang*

Nicht verzagen

Die Ermittlung von Koordinaten im geografischen Netz mag sich recht kompliziert anhören. Da aber neue Karten zunehmend auf das international einheitliche UTM-Gitter umgestellt werden, wird man nach kurzer Übung keine Probleme damit haben und nur wenig Zeit dafür benötigen.

Genauigkeit

Vorausgesetzt, am GPS-Gerät sind das von der Karte verwendete Gitter und Datum korrekt eingestellt und man arbeitet sorgfältig, so kann man die Koordinaten eines Punktes auf der Karte bei Maßstab 1 : 25.000 bis auf etwa 25 m (also ±12,50 m) genau bestimmen, was einem Kreis von 1 mm Durchmesser entspricht. Beim Maßstab 1 : 50.000 ist entsprechend eine Genauigkeit von ca. 50 m (also ±25 m) zu erreichen.

Das GPS-Gerät ermittelt unter normalen Bedingungen die Koordinaten seiner Position mit einer Genauigkeit von ±10–15 m (mit WAAS/EGNOS sogar ±1–3 m).

Es kann sich daher lohnen, die Koordinaten von aus der Karte ermittelten Wegpunkten während der Tour vor Ort zu korrigieren, um später präzisere Angaben zu haben.

Koordinaten bei unklarem Bezugssystem

Selbst wenn auf der Karte kein Bezugssystem (Map-Datum) angegeben ist, kann diese Karte unterwegs für die GPS-Arbeit genutzt werden – nur ist die Arbeit dann etwas mühsamer.

Im geodätischen Gitter: Bestimmen Sie beim Start an einem auf der Karte klar identifizierbaren Punkt (Parkplatz, Abzweigung, Hütte) per GPS die Koordinaten und übertragen Sie den ermittelten Punkt auf die Landkarte. Jetzt können Sie die Differenz zwischen beiden Angaben ermitteln:

UTM-Koordinaten auf der Karte	31 T 683580	4974646
Per GPS ermittelte Koordinaten	31 T 683631	4974164
	–51	+482

Das heißt: Wenn Sie auf der weiteren Tour eine vom GPS-Gerät ermittelte Position auf die Karte übertragen wollen, so müssen Sie vom Rechtswert zunächst 51 m abziehen und zum Hochwert 482 m addieren, um die Differenz auszugleichen. Umgekehrt müssen Sie, um auf der Karte ermittelte Koordinaten ins Gerät einzugeben zunächst zum Rechtswert 51 m addieren und vom Hochwert 482 m abziehen.

Beachten Sie jedoch, dass diese Differenz über große Distanzen nicht gleich bleiben muss. Bei längeren Touren müssten Sie sie daher gelegentlich überprüfen bzw. neu ermitteln.

Im geografischen Netz: Prinzipiell funktioniert die oben beschriebene Methode auch im geografischen Netz, da sich jedoch mit Grad und Minuten schlecht rechnen lässt, kann man hier auch anders vorgehen. Übertragen Sie wie oben beschrieben die per GPS ermittelten Koordinaten auf die Karte. Dann messen Sie Kurswinkel und Distanz zwischen

913gp

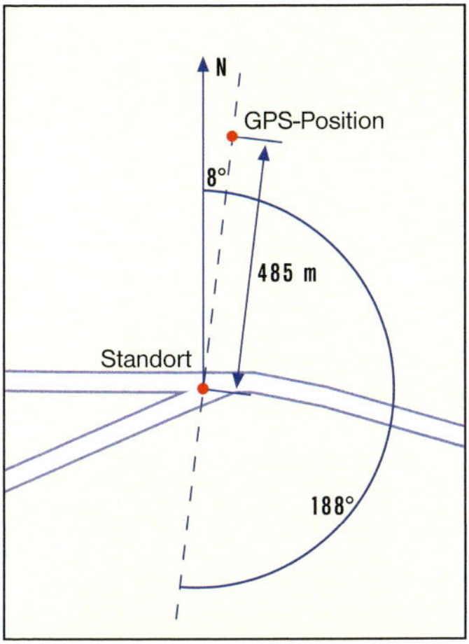

Punkt-Verschiebung

Um nicht jedes Mal den genauen Winkel messen zu müssen, kann man ihn einfach zeichnerisch parallel zu der Linie GPS-Punkt – Kartenpunkt verschieben.

dem bekannten Punkt auf der Karte und dem per GPS ermittelten Punkt. Im genannten Beispiel: 8° und 485 m.

Das heißt: Wenn Sie auf der weiteren Tour eine vom GPS-Gerät ermittelte Position auf die Karte übertragen wollen, so müssen Sie den GPS-Punkt um 485 m (bei Maßstab 1 : 50.000 also 9,7 mm, bei 1 : 25.000 entspr. 19,4 mm) in Gegenrichtung (also 8° + 180° = 188°) verschieben, um den richtigen Kartenpunkt zu finden.

Umgekehrt müssen Sie, um auf der Karte ermittelte Koordinaten ins Gerät einzugeben, die Koordinaten des Punktes ermitteln, der von dem gesuchten Punkt um 9,7 bzw. 19,4 mm in die Richtung 8° verschoben ist.

Auch hier gilt natürlich, dass diese Abweichung über große Distanzen nicht unbedingt konstant ist.

Koordinaten per Referenzpunkt (Wegpunkt-Projektion)

Die Koordinaten eines Punktes, die man nicht aus der Karte ablesen kann, lassen sich auch ermitteln, wenn man einen Referenzpunkt (z. B. den Standort) und dessen Entfernung zum gesuchten Punkt kennt. Dies funktioniert selbst dann, wenn die Karte kein geeignetes oder überhaupt kein Gitter besitzt. So kann man z. B. vom Standort aus den Richtungswinkel zum gesuchten Punkt ermitteln (entweder durch Kompasspeilung, wenn er im Gelände

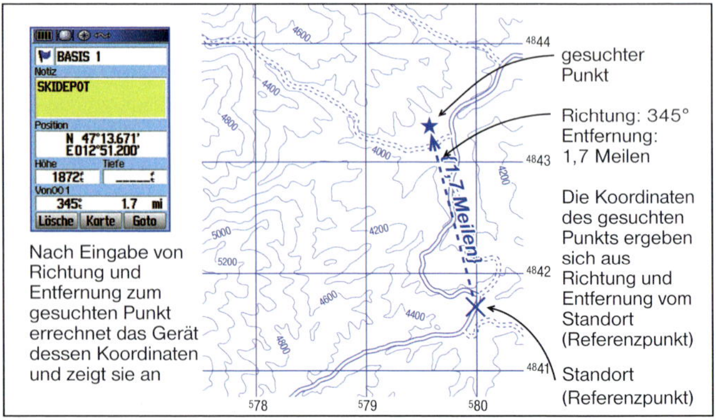

Nach Eingabe von Richtung und Entfernung zum gesuchten Punkt errechnet das Gerät dessen Koordinaten und zeigt sie an

sichtbar ist, oder durch Messung auf der Karte) und die Entfernung zwischen beiden Punkten auf der Karte abmessen. Gibt man nun diese Daten in das GPS-Gerät ein, so errechnet es daraus die Koordinaten des neuen Punktes. Voraussetzung ist natürlich, dass das Gerät die Funktion „Wegpunkt-Projektion" bietet, aber das können fast alle neueren Geräte.

Eine Maske „Wegpunkt-Projektion" zur Eingabe von Position, Richtung und Entfernung für die Errechnung der Zielkoordinaten findet man auch unter www.zwanziger.de/gc_tools_projwp.html.

Praktisches Beispiel

Sagen wir, Sie sind mit dem Mountainbike unterwegs und haben eine Super-Sonntagstour ausgearbeitet – alle Wegpunkte zu Hause am Computer ermittelt und auf das GPS-Gerät übertragen, aber Ihre Karte ist leider eine Uralt-Topo ohne Netz und Gitter. Wäre ja alles kein Problem. Jetzt treffen Sie aber unterwegs einen anderen Mountainbiker, der Ihnen von einer tollen Hütte erzählt – bloß ein paar Kilo-

meter abseits der geplanten Route, aber nur über ziemlich labyrinthische Holzabfuhrwege zu erreichen. Was nun? Zunächst speichern Sie Ihre aktuelle Position als Wegpunkt und markieren diesen Standort auf der Karte. Da Sie die Koordinaten nicht übertragen können, muss der Standort auf der Karte erkennbar sein, sonst fahren Sie so lange weiter, bis Sie einen auf der Karte klar identifizierbaren Punkt, beispielsweise Wegkreuzung, Brücke, Hütte o. Ä. erreichen.

Dann messen Sie mit Kompass oder dem Winkelmesser des AV-Planzeigers (s. S. 147) den Kurswinkel zur angestrebten Hütte. Dazu legen Sie den Kompass bzw. Planzeiger so an Ihren auf der Karte markierten Standort an, dass die Nordlinien auf dem Kompass bzw. Planzeiger genau nach Norden ausgerichtet sind, bzw. das Ost-West-Band parallel zu den aufgedruckten Ortsnamen verläuft. Die Linealkante des Kompasses (bzw. der Faden des Winkelmessers) muss dabei Standort und Ziel verbinden, damit Sie den Kurswinkel ablesen können. Die Entfernung (in Luftlinie) zwischen Standort und Ziel können Sie mit einem einfachen Lineal aus der Karte herausmessen (dann müssen Sie ggf. entsprechend dem Maßstab umrechnen) oder Sie benutzen die dem Maßstab entsprechende Skala des AV-Planzeigers und brauchen dann nicht mehr zu rechnen. Jetzt müssen Sie nur noch die Menüseite „Wegpunkt-Projektion“ aufrufen (bei den meisten Modellen im Wegpunkt-Menü) und die gemessenen Werte eingeben, damit das Gerät daraus die Koordinaten des Ziels errechnen und als Wegpunkt speichern kann (s. Abb. S 159).

Bitte beachten: Für die Übertragung des Kurswinkels muss am Gerät als Nordreferenz TRUE oder „Wahr“ eingestellt sein, wenn Sie den Winkelmesser nach Geografisch-Nord ausrichten, GRID oder „Gitter“, wenn Sie es nach den geodätischen

Gitterlinien ausrichten bzw. MAG oder „Magnetisch" falls Sie den Winkel per Kompasspeilung ermitteln.

Ein Ziel, das vom Standort aus sichtbar ist, kann man auch direkt mit dem Kompass anpeilen, um den Kurswinkel zu ermitteln. GPS-Geräte mit integriertem Kompass (wie der Garmin GPSmap 60CS) können dies ebenfalls selbst erledigen (allerdings ist die Peilung nicht so exakt wie mit dem Linealkompass) und sie können dann sogar den gemessenen Winkel direkt in die Wegpunkt-Projektion übernehmen, ohne dass man etwas eingeben muss. Ja, notfalls kann man den Kurswinkel zu sichtbaren Zielen auch mit jedem anderen GPS-Gerät ermitteln, indem man etwa 10 m genau in diese Richtung geht. Dann zeigt die Kompassrose auf der Navigationsseite den aktuellen Kurs an.

▼ *GPS-Gerät mit topografischer Karte*

253gp Abb.: gm

Koordinaten aus dem Kartendisplay

Eine komfortable Möglichkeit, Wegpunkt-Koordinaten rasch und präzise einzugeben (egal ob zu Hause oder unterwegs im Gelände und selbst ohne Papierkarte!) bieten GPS-Geräte mit Kartenspeicher, auf den eine entsprechende topografische Karte geladen ist. Dazu braucht man auf dem Display nur den gewünschten Punkt mit dem Cursor anzusteuern, kurz klicken - und schon ist der Wegpunkt erfasst.

Koordinaten aus dem Computer

Digitalisierte Landkarten auf CD-ROM bieten heute die Möglichkeit, sich die Koordinaten beliebiger Punkte vom Computer anzeigen zu lassen (oft sogar in verschiedenen, frei wählbaren Koordinaten- und Kartenbezugssystemen), um sie als Wegpunkte in den Empfänger einzugeben.

Mit der entsprechenden Software lassen sich am Computer sogar komplette Routen mühelos per Mausklick erstellen, die dann über ein Datenkabel direkt in das GPS-Gerät überspielt werden können (Näheres dazu im Kapitel „GPS und digitale Landkarten", S. 210ff.).

Koordinaten aus dem Internet

Inzwischen gibt es auch eine ganze Reihe von Möglichkeiten, Koordinaten verschiedenster Orte und Punkte im Internet zu finden. Komplette Listen oder die Möglichkeit einer Suche nach Koordinaten von Orten und geografischen Begriffen bieten beispielsweise

- **www.alpin-koordinaten.de** (Koordinaten von Gipfeln, Hütten, Biwakplätzen, Einstiegen und Ausgangspunkten für Klettertouren)

- **www.nima.mil** (Hier bietet das US-Verteidigungsministerium mit seinem „GEOnet Names Server" – über „Products and Services" – die Möglichkeit, Koordinaten beliebiger geografischer Orte schnell und kostenlos abzurufen – auch die Koordinaten kleinster Orte, verschiedenster Geländepunkte und selbst von unbewohnten Wasserstellen in der Sahara.)
- **www.getty.edu/research/**(Koordinaten weltweit)
- **www.touring24.info** (Wohnmobil-Park- und Stellplätze in Europa)

▲ *Auf der Website www.alpin-koordinaten.de findet man zahlreiche Koordinaten*

237gp Abb.: gm

Orientierung und Navigation

Bei der **Orientierung** geht es darum, wo man sich befindet (relativ zu umliegenden Orten), bei der **Navigation** darum, wie man an sein Ziel gelangt.

Für die Orientierung **(= Standortbestimmung)** muss man also seine Position auf der Landkarte kennen, d. h. die vom GPS-Gerät ermittelten Koordinaten (Position Fix) auf die Karte übertragen.

Standortbestimmung (Koordinaten auf die Karte übertragen)

Die Übertragung von Koordinaten zwischen Gerät und Karte ist nur eine Umkehrung der oben beschriebenen Methode, wie man die Koordinaten eines Punktes aus der Karte ermittelt (s. Kapitel „Koordinaten ermitteln und speichern“).

Generelle Voraussetzungen sind:

1. auf der Karte sollte ein Gitter aufgedruckt sein und
2. am GPS-Gerät müssen Koordinatensystem und Bezugssystem (Map-Datum) der verwendeten Karte eingestellt sein.

Im geodätischen Gitter

Auf Karten mit geodätischem Gitter lassen sich vom GPS-Gerät angezeigte Koordinaten recht bequem mit Ecklineal oder Planzeiger übertragen. Mithilfe des Gitters ist das Quadrat, in dem man sich befindet, rasch gefunden. Um die exakte Position zu erhalten, muss man nun an einer senkrechten und einer waagerechten Linie dieses Quadrats die Feinunterteilung (in Metern) abtragen. Zieht man durch diese Punkte Parallelen zum Gitter, so zeigt der Schnittpunkt die gesuchte Position.

Zeigt das GPS-Gerät beispielsweise die Position: 33T 0512710 UTM 4959889, so hat der gesuchte Punkt den Rechts-(Ost-)Wert 0512710 und den Hoch-(Nord-)Wert 4959889. Diese Zahlen sind Angaben in Metern. Bei Wanderkarten mit Kilometergitter sind die vollen Kilometer (erste vier Ziffern) am Ende der jeweiligen Gitterlinie angegeben. In diesem Beispiel brauchen Sie also die senkrechte Gitterlinie 512 und die waagerechte Gitterlinie 4959 (s. Abb. S. 148). Die letzten drei Ziffern (also die Meter) werden je nach Karten-

238gp Abb.: gm

◀ *Problemlos möglich: die Übertragung von Koordinaten zwischen GPS-Gerät und Karte*

maßstab auf 10 oder 100 Meter gerundet, also beim Rechtswert auf 710 bzw. 700, beim Hochwert auf 890 bzw. 900.

Anlegen
Bitte Exkurs „Richtig anlegen“ auf S. 149 beachten.

Übertragen mit dem Ecklineal: Legen Sie das Ecklineal mit der waagerechten Skala so an die senkrechte Gitterlinie 512 an, dass diese die Skala bei 7,1 (entspr. 710 m) schneidet. Dann verschieben Sie es parallel zu den senkrechten Gitterlinien nach oben oder unten, bis die waagerechte Gitterlinie mit 4959 die senkrechte Skala des Planzeigers bei 8,9 (entspr. 890 m) schneidet. Die gesuchte Position befindet sich nun genau an der Ecke des Planzeigers, an der die Skalen zusammenstoßen, und kann auf der Karte markiert werden. Das parallele Verschieben geht am einfachsten, wenn man an die senkrechte Kante des Planzeigers ein zweites Lineal oder sonst einen Gegenstand mit gerader Kante anlegt.

Planzeiger
s. Abb. S. 147

Übertragen mit dem Planzeiger: Der Planzeiger wird mit seinem waagerechten Schenkel so an die Gitterlinie 4959 angelegt, dass die senkrechte Gitterlinie 512 seine waagerechte Skala bei 7,1 (entspr. 710 m) schneidet. Die gesuchte Position befindet sich nun genau an der Markierung 8,9 (entspr. 890 m) der senkrechten Skala.

Übertragen mit dem Lineal: Entsprechend wie man Koordinaten mit dem Lineal aus der Karte herausmessen kann, lassen sich auch vom GPS-Gerät angezeigte Koordinaten damit auf die Karte übertragen.

Allerdings ist auch hier zu beachten, dass man bei Karten im Maßstab 1 : 50.000 oder 1 : 25.000 die angezeigten Werte mit zwei oder vier multiplizieren muss:

Bei 1 : 50.000 werden aus 710 m (2 x 7,1 =) 14,2 mm und aus 890 m 17,8 mm

Bei 1 : 25.000 werden aus 710 m (4 x 7,1 =) 28,4 mm und aus 890 m 35,8 mm

Praxis-Tipp: Nicht mehr als nötig!

Das Übertragen der GPS-Koordinaten mit Planzeiger oder Ecklineal hört sich aufwendig an, geht aber erstens mit etwas Übung leichter als man glaubt und ist zweitens in der Praxis meist entweder noch einfacher oder gar nicht nötig. Tatsächlich ist man ja meistens auf einem Pfad, entlang einem Wasserlauf, einem Seeufer oder einer sonstigen Leitlinie unterwegs. Dann reicht es gewöhnlich, nur eine der beiden Koordinaten zu übertragen. Der Standort ergibt sich aus ihrem Schnittpunkt mit der Leitlinie.

Und in den allermeisten Fällen will man ja gar nicht auf 10 m genau wissen, wo man steht, sondern nur grob, um entscheiden zu können, welchen Weg man einschlägt. Ist dies die Abzweigung zur Hütte oder in die Schlucht? Ist das die Einmündung des Rabbit Creek oder des Moose River? Sind wir an der Horseshoe Flussschleife oder schon an der Virginia Bend? Und in diesen Fällen reicht fast immer ein kurzer Blick auf den Schnittpunkt der nächsten Gitterlinien, um zu entscheiden, welche der fraglichen Stellen es sein muss.

Im geografischen Netz

Im geografischen Netz kann die GPS-Position mit einem Netzteiler (s. S. 154) oder mit dem Länge-/Breite-Lineal übertragen werden.

Hemisphäre beachten!
s. Abb. S. 155

Der Netzteiler wird entsprechend dem Planzeiger angelegt – wobei allerdings wiederum zu beachten ist, dass sich für westliche Längen und südliche Breiten die Zählrichtung umkehrt (nicht mehr von links nach rechts bzw. von unten nach oben, sondern von rechts nach links bzw. von oben nach unten) und der Netzteiler für diese Hemisphären daher entsprechend umgekehrt angelegt werden muss (s. Abb S. 155).

Mit dem **Länge-/Breite-Lineal** übertragen Sie die vom Gerät angezeigte Position (auf S. 170 erklärt).

Übertragen einer GPS-Position auf eine Karte mit geografischem Netz

(nach Bedienungsanleitung Silvia Eclipse 96GPS)

Ihr Standort ist laut GPS: 43°02'00'' N Breite, 108°23'40'' W Länge; Datum: NAD-27. Diese Position soll auf eine 1:24.000 Topo-Karte übertragen werden.

1. *Unter Verwendung der GPS-Position und der Breiten-Längenlinien finden Sie das Rechteck, welches die GPS-Position komplett umschließt. Es liegt zwischen den Linien 43°00'00'' und 43°02'30'' N Breite und 108°22'30' und 108°25'00' W Länge.*

2. *Unter Verwendung des kleinsten Breitenlabels (43°00'00'' N) auf dem Rechteck wird nun die Menge berechnet, die addiert werden muss, um die GPS-Position (43°02'00'' N) zu erreichen - also 2' addieren.*

3. *Legen Sie den 1:24.000 Breiten-Längen-Maßstab so auf die Karte, dass er von beiden Breitenlinien begrenzt wird. Das Lineal kann dabei überall im Rechteck angeordnet werden, solange er durch die Breitenlinien begrenzt wird (Abb. 1).*

4. *Die Karte bei 2' im Schlitz markieren (Abb. 1) und eine 2'-Breitenlinie durch die kleine Markierung horizontal durch das Rechteck ziehen (Abb. 2).*

5. *Unter Verwendung des kleinsten Längenlabels (108°22'30'' W) auf dem Rechteck die Menge bestimmen, die addiert werden muss, um die GPS-Position (108°23'40'') zu erreichen, also 1'10''.*

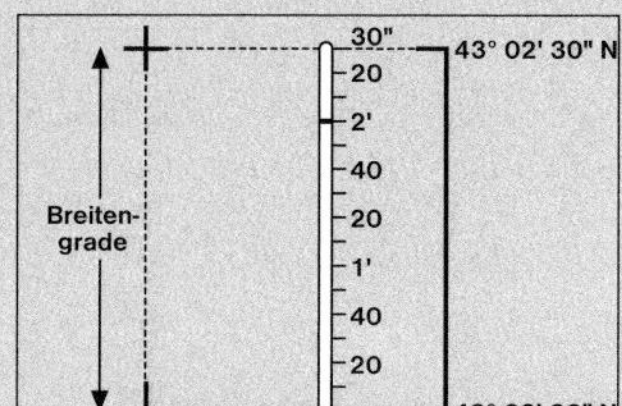

6. *Die Schablone so anordnen, dass beide Längenlinien sie begrenzen.*

7. *Nun das Lineal nach oben oder unten bewegen, bis die gezeichnete 2'-Breitenlinie die Markierung 1'10'' auf der Skala berührt (Abb. 2).*
Die Skala muss dabei durch beide Längenlinien begrenzt werden.

8. *Die Position kennzeichnen (Abb. 2).*

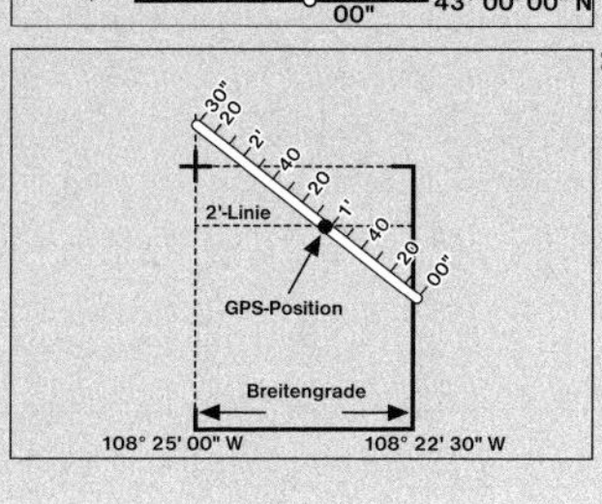

Ihre GPS-Position auf der Karte befindet sich dort, wo sich die Breiten- und Längenmarkierungen schneiden.

Standortbestimmung per Referenzpunkt

Falls auf Ihrer Karte kein geeignetes Gitter eingezeichnet oder Ihnen die Übertragung des Standorts nach Kartengitter nicht möglich ist, können Sie den Standort mit dem GPS-Gerät (oder mit GPS und Kompass) durch eine vereinfachte Art der Kreuzpeilung auf der Karte ermitteln.

Dazu muss zumindest ein Wegpunkt mit Koordinaten im Gerät gespeichert und auf der Karte identifizierbar sein. Dieser Punkt wird hier als Referenzpunkt bezeichnet. Im einfachsten Fall ist dies der Ausgangspunkt der Tour, dessen Koordinaten Sie vor dem Start per Knopfdruck gespeichert haben. Sicherheitshalber können Sie auch bereits vor der Tour die Koordinaten einiger Punkte eingeben, die auf der Karte identifizierbar sind und möglichst im rechten Winkel zu Ihrem Kurs liegen sollten. Besonders hilfreich sind auch die auf der Karte aufgedruckten Kreuzpunkte (bzw. die am Kartenrand markierten Endpunkte) der Gitterlinien, denn sie sind leicht auf der Karte zu finden und ihre Koordi-

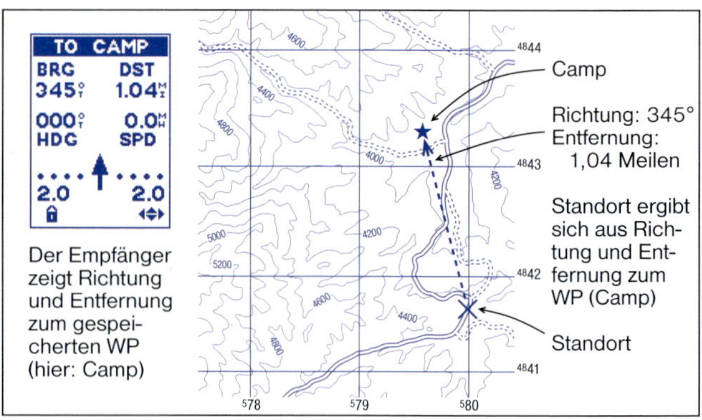

Der Empfänger zeigt Richtung und Entfernung zum gespeicherten WP (hier: Camp)

naten sind – auch unterwegs und ohne Hilfsmittel – sehr einfach und genau abzulesen.

Um Ihren Standort auf der Karte zu ermitteln, brauchen Sie den Referenzpunkt, dessen Koordinaten Sie gespeichert haben, nur mittels der GoTo-Taste als Ziel auswählen. Das Gerät zeigt Ihnen dann den Kurswinkel und die Entfernung vom momentanen Standort zu diesem Wegpunkt. Diesen Winkel können Sie am Kompass einstellen und genau wie bei der Standortbestimmung per Kompass auf die Karte übertragen. Achten Sie darauf, dass Sie am GPS-Gerät die gleiche Nordrichtung eingestellt haben, nach der auch das Kartengitter ausgerichtet ist– meist Gitternord (GRID) oder Geografisch-Nord (TRUE). Die „Leitlinie" kann wie gewohnt ein Pfad, Bachlauf etc. sein oder sie ergibt sich aus der vom GPS-Gerät angezeigten Entfernung, die man mithilfe des Maßstabs und der Millimetereinteilung am Kompasslineal auf die Karte überträgt.

Tipp
Um die Gegenrichtung zu erhalten, muss man zu Winkeln bis 180° die 180° addieren, bei Winkeln ab 180° die 180° abziehen.

Praktische Durchführung: 1. Stellen Sie den Winkel am Linealkompass ein. 2. Legen Sie den Kompass so auf die Karte, dass die Linealkante den Referenzpunkt berührt. 3. Drehen Sie den Kompass so, dass der Nordpfeil nach Kartennord weist und die Nordlinien auf dem Kompass parallel zu den senkrechten Gitterlinien der Karte verlaufen. Dann ziehen Sie entlang der Linealkante eine Linie durch den Referenzpunkt. Dort wo diese Linie Ihre ↗Leitlinie schneidet, befinden Sie sich. Falls Sie keiner Leitlinie folgen, ergibt sich der Standort dadurch, dass Sie entlang der eingezeichneten Linie die vom Gerät angezeigte Entfernung abtragen. **Beachten** Sie jedoch, dass Sie diese in „Gegenrichtung" abtragen müssen. Zeigt das Gerät beispielsweise 4,6 km und 45° (also NO) so müssen Sie vom Referenzpunkt aus die 4,6 km nach SW (also 180 + 45 = 225°) abtragen.

Leitlinie
Eine auf der Karte identifizierbare Linie (z. B. Pfad, Bach, Waldrand, Seeufer etc.), der man folgt.

Standortbestimmung mit zwei Referenzpunkten

Steht ein zweiter Referenzpunkt zur Verfügung, so kann man die Entfernung ignorieren und (wie bei der Kreuzpeilung per Kompass) den zweiten Kurswinkel auf die Karte übertragen. Der Standort ergibt sich dann wie gehabt aus dem Schnittpunkt der beiden Peilungen. Gegenüber der Standortbestimmung mit dem Kompass hat diese **„elektronische Kreuzpeilung"** den Vorteil, dass der Referenzpunkt (anders als der Orientierungspunkt) nicht im Gelände erkennbar sein muss, ja dort nicht einmal zu existieren braucht (z. B. Kreuzpunkt der Gitterlinien).

Bei der Kreuzpeilung sind, genau wie bei der Kompassarbeit, zwei Dinge zu beachten:

1. Beide Referenzpunkte sollten möglichst im rechten Winkel zueinander liegen.
2. Sie sollten möglichst nah am Standort liegen.

In beiden Fällen sind senkrechte Gitterlinien erforderlich, um präzise arbeiten zu können. Ohne Gitterlinien kann man den Winkelmesser (Kompass) auf der Karte nach den Ortsnamen (West-Ost) oder dem Kartenrand ausrichten, was zumindest eine grobe Standortbestimmung ermöglicht.

Standortbestimmung auf dem Display

Der Vollständigkeit halber sei schließlich auch noch darauf hingewiesen, dass bei GPS-Geräten mit Kartenspeicher und einer geladenen topografischen Karte (s. S. 236ff.) die komplette Standortbestimmung (bzw. Übertragung der Koordinaten auf die Karte) vom Gerät übernommen wird: Es zeigt auf dem Display eine topografische Karte, auf der Ihr aktueller Standort markiert ist!

Navigation

Navigation bedeutet nichts anderes, als den Weg zum Ziel finden. Und hier zeigen sich die wahren Stärken von GPS. Die Satellitennavigation kann Sie jederzeit sicher an Ihr Ziel und wieder zurück zum Ausgangspunkt führen, selbst unter schwierigsten Bedingungen, unter denen keine der bisherigen Navigationshilfen dazu in der Lage war – und selbst alle zusammen nicht. Und dabei ist es nicht einmal kompliziert.

GoTo-Navigation

Diese Funktion, über die jedes heutige Gerät verfügt, ist wahrhaft kinderleicht zu nutzen und daher ideal für den Einstieg. Sie müssen nur einen Wegpunkt im Gerät speichern (sinnvollerweise zunächst den Ausgangspunkt), den Sie dann später als Ziel auswählen. Rufen Sie ihn über „FIND" oder das Wegpunktverzeichnis auf, markieren Sie ihn und aktivieren Sie ihn als GoTo-Ziel, indem Sie auf „GoTo" klicken (z. B. bei Garmin) oder die GoTo-Taste drücken (Magellan). Jetzt weist Ihnen der kleine elektronische Guide den **Weg zu Ihrem Ziel** – und solange er Strom und Satellitenkontakt hat, kann ihn nichts davon abbringen: Egal ob ein Schneesturm, die Nacht oder Nebel hereinbrechen oder ob Sie die verwegensten Haken schlagen, der kleine Kasten zeigt zu jedem Zeitpunkt unbeirrbar den Weg zum Ziel und sagt obendrein auch noch, wie weit es bis dorthin ist und wie lange Sie voraussichtlich noch brauchen werden.

Bei den meisten Geräten wird nach dem GoTo-Befehl zunächst die **Kartenseite** eingeblendet, die Standpunkt und Ziel (sowie evtl. auch sonstige Wegpunkte und Kartendetails der Umgebung) anzeigt und durch eine Peilungslinie verbindet.

Hilfreicher ist es jedoch, zunächst zur **Navigationsseite** umzuschalten – entweder durch blättern (PAGE) oder bei Magellan durch eine eigene NAV-Taste. Damit wird der eigentliche „Lotse" aktiviert: ein **Richtungspfeil,** der Ihnen auf dem weiteren Marsch stets und zuverlässig die Richtung zum angesteuerten Ziel weist (Satellitenkontakt natürlich vorausgesetzt). Sie können in eine x-beliebige Richtung losmarschieren: Nach spätestens etwa 10 Schritten wird der Pfeil plötzlich seine Richtung ändern – und dieser Richtung müssen Sie dann folgen, um Ihr Ziel zu erreichen. Zusätzlich erhalten sie auf diesem Bildschirm weitere Informationen wie etwa Name des Ziels, Richtung zum Ziel in Grad, Entfernung zum Ziel in Kilometer (auf Wunsch auch noch viel mehr) plus eine Art Kompassrose, die stets anzeigt, in welcher Himmelsrichtung das Ziel liegt und in welche Sie gerade gehen. Trotz der optischen Ähnlichkeit ist dies jedoch <u>kein</u> Kompass (s. S. 113f.).

Sie wollen gar nicht auf direktem Wege zum Ziel, sondern einen kleinen Abstecher am See vorbei machen oder Sie müssen unterwegs einem Dickicht ausweichen? Kein Problem! Egal wie weit Sie

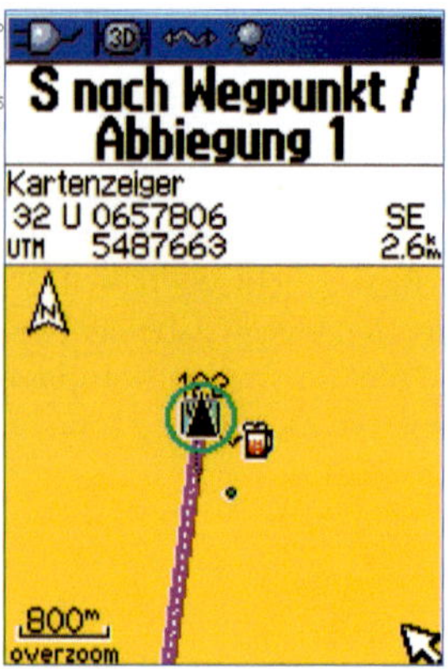

◀ *Kartenseite mit Peillinie vom Standpunkt zum Ziel*

▶ *Der Pfeil weist unterwegs stets die Richtung zum Ziel - selbst wenn man vom Kurs abweicht!*

Abb: gp970

vom Kurs abweichen, der kleine Pfeil zeigt immer die Richtung vom aktuellen Standort ans Ziel. Davon konnte man zu Kompasszeiten nur träumen!

Ein paar kleine Haken gibt es allerdings noch. Vor allem führt GoTo Sie nicht auf hübschen Wanderwegen ans Ziel und auch nicht entlang den Straßen einer Stadt, sondern in direkter **Luftlinie** - selbst wenn ein See, Sumpf oder Abgrund dazwischen liegen sollte. Denn davon „weiß" das Gerät ja nichts. Folgen Sie ihm also nicht blind - es verliert ja das Ziel nicht aus den Augen, wenn Sie ein Hindernis umgehen. Außerdem kann ein Standardgerät Ihnen die Richtung erst weisen, wenn Sie etwa 5–10 Schritte damit gegangen sind, denn es braucht die Bewegungsrichtung als Bezugsrichtung (s. S. 113). Anders verhält es sich bei den immer zahlreicheren Geräte mit integriertem elektronischen Kompass, die auch im Stillstand sofort die Zielrichtung kennen.

Praxisbeispiele

Einen ersten Test können Sie machen, indem Sie den Ausgangspunkt speichern und z. B. mit „Start" bezeichnen. Dann schalten Sie das Gerät aus und

marschieren x-beliebig durch die Gegend. Je unübersichtlicher das Gelände und je mehr es Ihnen gelingt, sich selbst zu verwirren, desto besser. Wenn Sie denken, dass es reicht, schalten Sie den Empfänger wieder ein, wählen „Start“ als Ziel und drücken Sie „GoTo“. Dann schalten sie zur Navigationsseite und folgen dem Pfeil. Es ist simpel – aber beeindruckend!

Auf Touren nutzt man GoTo weniger, um zurück zum Ausgangspunkt zu gelangen, sondern um ein bestimmtes Ziel anzusteuern – etwa für einen Abstecher vom geplanten Weg, um eine etwas versteckt liegende Hütte anzusteuern, eine Quelle abseits des Pfads zu finden oder um einen See zu überqueren und auf der anderen Seite den (meist nicht sichtbaren) Ausgang zu finden. Man kann jeden Punkt per GoTo ansteuern, der im Gerät gespeichert ist: normale Wegpunkte, aber auch Punkte, die man auf der Karte anklickt, Orte aus der Städtedatenbank oder sogar im Gerät gespeicherte ↗POIs.

Besonders wichtig und hilfreich ist diese Funktion, wenn die Sicht so schlecht wird, dass man mit anderen Hilfsmitteln kaum mehr den Kurs halten, geschweige denn die Richtung zum Ziel ermitteln könnte (Dunkelheit, Nebel, Schneesturm). Dann wird man vielleicht sogar tatsächlich eine Strecke weit mit dem Gerät vor der Nase dem Pfeil nach wandern. In den allermeisten Fällen hingegen wird man sich die Richtung einprägen (evtl. mithilfe eines markanten Orientierungspunktes), rein nach Sicht den Kurs halten und das Gerät nur gelegentlich zur Überprüfung einschalten. Sonst verbraucht man zu viel Strom. Oder man kann den Kurswinkel am Kom-

POI

Als POI (Point of Interest, Punkt von Interesse) bezeichnet man Orte wie Sehenswürdigkeiten, Restaurants, Hotels etc., deren Koordinaten in Verbindung mit einer Karte gespeichert sind – meist auf CD oder DVD zur Darstellung am Computer, aber teilweise auch im Speicher von GPS-Geräten.

pass einstellen und dann wie gewohnt damit den Kurs halten (s. S. 199f.). In beiden Fällen hat man gegenüber der reinen Kompassnavigation den enormen Vorteil, dass man sich nicht sklavisch exakt an den Soll-Kurs halten muss. Man kann ja jederzeit den aktuellen Kurswinkel zum Ziel ermitteln, indem man einfach das Gerät wieder einschaltet!

Track-Navigation

Die GoTo-Funktion bietet die Möglichkeit, jedes unbekannte Ziel zu finden (sofern man dessen Koordinaten kennt), hat aber den Nachteil, dass sie nur

241gp Abb.: rh

▶ *Dauernavigation mit dem GPS-Gerät ist eher die Ausnahme für kurze Strecken. Meist werden nur Position und Kurs bestimmt und dann wird nach Sicht oder Kompass navigiert.*

den Weg in Luftlinie anzeigt. Im Gegensatz dazu kann man mit **Backtracking (oder TracBack)** keine unbekannten Ziele ansteuern, sondern nur **bereits gegangene Wege wiederfinden** (etwa zurück zum Ausgangspunkt oder den Weg einer früheren Tour), aber dafür wird man exakt auf seinen Fußspuren geführt und nicht nur in Luftlinie. Das hat den entscheidenden Vorteil, dass man bei plötzlichem Nebel oder Schneesturm auf sicherem Weg zum Ausgangspunkt zurückgelangt, ohne befürchten zu müssen, unterwegs in einen Bach, einen Abgrund oder eine Gletscherspalte zu stürzen – oder auch nur irgendwann vor undurchdringlichem Dickicht oder einem sonstigen Hindernis zu stehen.

Dies funktioniert allerdings nur, wenn man mit ständig eingeschaltetem Gerät wandert. Dann zeichnet es die gesamte Wegstrecke als **Track** auf, indem es für jede Richtungsänderung automatisch einen Punkt (Trackpunkt) mit Koordinaten, Datum und Uhrzeit speichert. Das können Sie daran sehen, dass auf der Kartenseite eine feine Punktlinie erscheint: Ihr zurückgelegter Weg. Heutige Geräte speichern pro Track typischerweise 500–2000 Punkte, manche auch noch mehr, und im Active Track, der gerade aufgezeichnet wird, sogar bis zu 10.000. Das bedeutet, dass die zurückgelegte Strecke sehr präzise festgehalten wird.

Track-Aufzeichnung

Im Track-Menü (Tracks, Track-Protokoll, Active Track) können Sie zunächst alle Einstellungen für die Aufzeichnung und Nutzung vornehmen; z. B. die Aufzeichnung ein-/ausschalten, Tracks abspeichern oder löschen, die Backtracking-Funktion (s. u.) aktivieren und festlegen, wie der Track aufgezeichnet werden soll.

In der **Einstellung „Auto“** speichert das Gerät bei jeder Richtungsänderung automatisch einen

019gp Abb: gm

▶ *Im Menü „Tracks" werden die Einstellungen für die Track-Aufzeichnung vorgenommen*

Trackpunkt/Wegpunkt

Obwohl beide Arten als Punkt mit zwei Koordinaten im Gerät gespeichert sind, gibt es doch wesentliche Unterschiede: Wegpunkte muss der Benutzer manuell speichern, sie werden im Wegpunktspeicher verwaltet, können zu Routen kombiniert und per GoTo angesteuert werden. Trackpunkte speichert das Gerät automatisch, sie werden im TrackLog aufgezeichnet und können nicht zu Routen kombiniert oder per GoTo angesteuert werden (Ausnahme s. Exkurs ***„Trackpunkt als Wegpunkt und Zielpunkt"****) Manche Geräte bieten jedoch die Möglichkeit, Tracks beim Speichern in Routen zu verwandeln, wobei die Zahl der Punkte drastisch reduziert und die Aufzeichnung entsprechend vergröbert wird – aber die Trackpunkte zugleich in Wegpunkte verwandelt werden. Entsprechend besteht eine* ***Route*** *aus Wegpunkten (50–150), ein* ***Track*** *aus Trackpunkten (500–10.000), weshalb ein Track den Weg weit genauer wiedergibt. Manche Geräte (Magellan) wandeln Tracks beim Abspeichern in Routen um, wobei aber die Zahl der Speicherpunkte u. U. von 2000 auf 50 drastisch reduziert wird!*

Punkt. Dadurch wird der Speicher optimal genutzt und man erhält die beste Aufzeichnung für ein späteres Backtracking (s. u.). Sie können aber auch selbst festlegen, in welchem Zeit- oder Entfernungsintervall die Wegpunkte abgespeichert werden. Außerdem können Sie festlegen, ob das Gerät bei vollem Trackspeicher (TrackLog) ältere Punkte überschreiben soll (auf dem Display verschwindet der Anfang der aufgezeichneten Strecke). Sonst muss bei vollem Speicher die Aufzeichnung vereinfacht werden (d. h. es bleiben nur größere Richtungsänderungen erhalten und der Track wird gröber).

Praxis-Tipp

Achten Sie bei Beginn der Track-Aufzeichnung darauf, dass der letzte Active Track gelöscht ist. Sonst wird das Gerät den angefangenen Track fortsetzen und Sie beim Backtracking nicht zum Ausgangspunkt der jetzigen, sondern der letzten Tour führen.

Backtracking (TracBack)

Die Track-Aufzeichnung ist vor allem deshalb besonders wertvoll, weil man sie jederzeit „umkehren" kann, das heißt, das Gerät führt einen genau in der gleichen Spur (abzüglich der GPS-Ungenauigkeit) wieder zum Ausgangspunkt zurück. Und in Gegenden mit schwierigen Wegverhältnissen kann dies bei plötzlich aufziehendem Nebel lebenswichtig sein!

Bei den meisten bisherigen Garmin-Modellen (Ausnahme GPSmap60-Serie) und den Magellan eXplorist-Modellen muss man den Track **zunächst abspeichern,** ehe man ihn für das Backtracking nutzen kann. Dann braucht man nur den gewünschten Track zu markieren und auf „TracBack" (bei Magellan „BackTrack") zu klicken und schon kann man sich vom Gerät per Richtungspfeil lotsen lassen. Bei manchen Modellen kann man auch direkt den **Active Track** dazu nutzen, ohne ihn vorher abzuspeichern. Entscheidender Vorteil: Er kann weit mehr

Improvisiertes Backtracking
Ältere Alan-Modelle bieten keine Backtrack-Funktion, können aber Tracks aufzeichnen. Diesen Tracks kann man dann nicht per Richtungspfeil (Kompassseite) folgen, sondern nur auf der Kartenseite, was weniger komfortabel ist, aber auch funktioniert.

Punkte enthalten als ein abgespeicherter Track und ist daher präziser.

Alle neueren Garmin-Modelle bieten bei TracBack zusätzlich ein komfortables **Upcoming-turn Feature:** Dabei wird 15 Sekunden vor der neu einzuschlagenden Richtung mit einem abgewinkelten Abbiegepfeil auf die neue Kursrichtung hingewiesen.

Falls man die Backtrack-Funktion bei ausreichender Sicht nutzt und dabei unnötige Schlenker einfach abschneidet, kann es vorkommen, dass das Gerät noch lange Zeit versuchen wird, Sie zum letzten, in größerem Abstand passierten Punkt zu lotsen, ehe es auf den nächsten Punkt in Marschrichtung umschaltet.

Trackpunkt als Wegpunkt und Zielpunkt
Bei einigen Garmin-Modellen kann man einen Trackpunkt in einen Wegpunkt verwandeln, indem man ihn auf der Kartenseite mit dem Cursor-Pfeil ansteuert und anklickt. Dann kann man genau diesen Punkt sogar per GoTo als Ziel ansteuern.
Das kann hilfreich sein, wenn das Gelände plötzlich einfacher wird und man eine Strecke weit in gerader Linie wandern kann, anstatt den ganzen Schlenkern zu folgen, die man auf dem Anmarsch vielleicht gemacht hat.

Tracks speichern

Bei vielen Geräten haben im **TrackLog (aktiver Trackspeicher)** weit mehr Punkte Platz als im Speicher für archivierte Tracks. Das heißt, dass sehr lange Tracks beim Abspeichern vereinfacht werden müssen. Aber erstens hält sich die **Vereinfachung** meist in erträglichen Grenzen und zweitens haben die Tracks einer Tagestour gewöhnlich auch im Dauerspeicher noch Platz. Will man die Vergröberung vermeiden, kann man die Tracks längerer Touren in einzelnen Etappen abspeichern.

Bei älteren Magellan-Modellen (SporTrak, Meridian – nicht hingegen bei der eXplorer-Serie) werden die Tracks beim Speichern stets in Routen umgewandelt (also entsprechend vergröbert). Bei Lowrance und Silva werden sie zwar als Tracks gespeichert, aber für die Navigation in Routen umgewandelt.

▼ Speichert man den Track, kann man später noch mal genau die selbe Strecke abfahren

243gp Abb.: gm

Das Speichern der Tracks hat nicht nur den Vorteil, dass sie einfach „noch da" sind (etwa um zu Hause nachzuschauen, wo man nun eigentlich rumgestiefelt ist). Zusätzlich kann man sie später immer wieder nutzen – und das nicht nur zum Backtracking, sondern auch, um die gleiche Tour noch einmal zu gehen (oder um sie an einen Kumpel weiterzugeben!). Inzwischen gibt es im Internet bereits Websites, über die Touren auf diese Weise zum Download angeboten werden (s. Kapitel „Adressen").

Da der **Trackspeicher meist nur 10–20 Tracks fasst,** kann man die Tracks zu Hause auf den Computer übertragen und dort abspeichern, sodass man nach und nach ein ganzes **Touren-Archiv** erhält, aus dem man sich jederzeit einen Track fürs Wochenende aufs Gerät laden kann. Mit einer leistungsstarken Software wie Touratech oder Fugawi (s. S. 252ff.) können die Touren nicht nur hervorragend archiviert, sondern zudem vielfach ausgewertet werden, da sie eine Fülle zusätzlicher Informationen wie z. B. Datum, Uhrzeit, Höhe und Geschwindigkeit zu jedem Wegpunkt enthalten.

Touren als Track planen

Mit einem geeigneten Programm (s. S. 250ff.) kann man sogar seine Tour zu Hause am Computer als Track planen und nicht – wie üblich – als Route. Das hat den entscheidenden Vorteil, dass Tracks weitaus mehr Punkte umfassen können als Routen und daher **sehr detailliert und präzise** sind.

Sie können somit auf der digitalen Topo am Computer per Mausklick den genauen Weg nachzeichnen und auf das GPS-Gerät übertragen. Dann zeigt das Gerät Ihnen unterwegs nicht nur die Richtung in Luftlinie zum Ziel bzw. zu einem Zwischenziel, sondern lotst Sie exakt den aufgezeichneten Weg entlang!

Backtrack oder GoTo?
In einer Gegend mit wenigen oder keinen größeren natürlichen Hindernissen gelangt man unter Umständen schneller und einfacher zum Ausgangspunkt zurück, indem man ihn per GoTo zum Zielpunkt macht und sich auf direktem Weg dorthin führen lässt. Das ist vor allem dann vorzuziehen, wenn man eine gute Karte hat, aus der man ersieht, dass es auf der direkten Route keine Hindernisse gibt. Was aber, wenn man keine Karte hat und dann plötzlich vor einer Schlucht oder einem Sumpf steht und nicht weiß, in welcher Richtung das Hindernis am besten zu umgehen ist? Ohne gute Karte ist daher im Zweifelsfall die Backtrack-Option vorzuziehen.

Nachteil
Für die Track-Navigation bei ausreichender Sicht und nicht allzu schwierigem Gelände muss das Gerät zwar nicht ständig eingeschaltet sein, aber bei der Track-Aufzeichnung zieht es ununterbrochen Strom! In offenem Gelände ohne Abschattung kann man evtl. im Strom-spar-Modus aufzeichnen, wodurch aber der Track etwas gröber wird, da die Punkte in größerem Zeitabstand gespeichert werden.

Sight'n'Go-Navigation

Neuere Garmin-Geräte mit integriertem elektronischem Kompass bieten auf der Navigationsseite eine weitere Navigationsmöglichkeit per **Sight'n'Go (Peilen und Los).** Damit können Sie unterwegs jedes sichtbare Ziel mit dem Gerät anpeilen und die Richtung per Knopfdruck abspeichern, um sie für die Grobnavigation zu nutzen (so wie sonst mit dem Kompass). Wenn Sie das Ziel dann auf dem weiteren Weg aus den Augen verlieren, folgen Sie

einfach dem Richtungspfeil auf dem Display. Dazu muss der Empfänger nicht permanent eingeschaltet sein. Da das Gerät allerdings bei Sight'n'Go die genaue Position des Ziels nicht kennt, sondern nur die Richtung dorthin, bietet es auch keine Korrektur, wenn man unterwegs vom Kurs abweicht – genau wie bei der Kompass-Navigation.

Lässt sich hingegen auch die Entfernung zum angepeilten Punkt feststellen, so kann man sie zusätzlich eingeben und das Ziel als Wegpunkt abspeichern (s. Wegpunkt-Projektion S. 158).

Routen-Navigation

Wegpunkte (Waypoints) kann man beliebig zu einzelnen Routen kombinieren, die mit einem Namen versehen werden, damit man sie bei Bedarf rasch finden und nutzen kann. Diese Routen entsprechen einer **elektronischen Kursskizze** und sind sehr hilfreich, um Touren zu planen und die Orientierung und Navigation zu erleichtern.

Die Zahl der Wegpunkte pro Route und die Zahl der speicherbaren Routen ist begrenzt und bei verschiedenen Geräten recht unterschiedlich. Reicht der Speicher des GPS-Geräts nicht aus, um alle Wegpunkte für eine längere Tour in einer Route zu kombinieren, so kann man Abstecher als eigene Routen ausgliedern oder die **Tour in mehrere einzelne Routen zerlegen.** Hierbei sollte man so verfahren, dass der letzte Wegpunkt der ersten Route zugleich als erster Wegpunkt der zweiten verwendet wird etc.

Da auch die Zahl der Routen, die ein Gerät speichern kann, begrenzt ist, muss man früher oder später alte **Routen löschen,** um Platz für neue zu schaffen. Wie man seine Routen und Touren trotzdem sichern und archivieren kann, finden Sie unter „GPS und digitale Landkarten".

Routen erstellen

Routen können **nur aus bereits im Gerät gespeicherten Wegpunkten erstellt werden** (zur Eingabe von Wegpunkten s. S. 152f.). Das Zusammenstellen der Routen ist recht einfach: Im Routen-Menü klicken sie zunächst auf „Neue Route" und dort dann auf „Wegpunkt einfügen". Dann können Sie aus dem Wegpunkt-Verzeichnis die einzelnen Punkte nacheinander markieren und per „Enter" einfügen. Später kann man immer noch weitere Punkte dazwischen einfügen, andere löschen oder die Route sonst wie bearbeiten. Die Route speichert man dann (wie die Wegpunkte) unter einem aussagekräftigen Namen, damit man sie später rasch wiederfindet – z. B. entsprechend dem Pfadnamen (WCT = West Coast Trail, GR9 = Grand Randonnée 9) oder der Region (BAYWA = Bayerischer Wald).

Reserven

Sicherheitshalber sollte man auch die Koordinaten wichtiger Punkte nahe der Route (Gipfel, Brücken, Furten, Schutzhütten etc.) speichern, damit man unterwegs variabel ist, Abstecher machen und die Tour im Notfall anpassen kann. Um diese Punkte anzuzeigen, gibt es bei den meisten Geräten eine Funktion „Wegpunkte im Umkreis von xx km anzeigen".

Je mehr Wegpunkte Sie setzen, desto präziser können Sie dem vorgeplanten Weg folgen – aber meist ist es ausreichend, an wichtigen Schlüsselstellen (Abzweigung, Richtungsänderung, Brücke, Hütte, Campstelle etc.) einen Wegpunkt zu setzen.

Der Route folgen

Am Start müssen Sie die gewünschte Route im Menü auswählen und aktivieren. Dann führt Sie Ihr GPS-Lotse nicht wie bei GoTo in gerader Linie ans Ziel, sondern Schritt für Schritt die geplante Route entlang von einem Wegpunkt zum nächsten. Der entscheidende Vorteil: Anders als bei der GoTo-Navigaton werden Sie nicht plötzlich vor einem unüberwindlichen Hindernis stehen – denn sicher ha-

ben Sie Ihre Route um Hindernisse wie Seen, Sümpfe, Abgründe etc. herum geplant.

Unterwegs zeigt Ihnen das Gerät stets Kurswinkel und Distanz vom momentanen bzw. zuletzt passierten Wegpunkt (Active From WPT) zum nächsten Wegpunkt (Active To WPT). Sie können sich dann mithilfe des **Richtungspfeils auf der Navigationsseite** von einem Wegpunkt zum nächsten führen lassen oder, um Strom zu sparen, den angezeigten Kurswinkel am Kompass einstellen und damit (bzw. einfach nach Sicht) navigieren.

Tipp für Mountainbiker

Besonders mit dem Fahrrad kann es vorteilhaft sein, anstelle der Navigationsseite die ***Kartenseite*** *für die Navigation zu nutzen, da man dann den groben Wegverlauf überblickt und Abzweigungen einige Zeit im Voraus erkennt.*

Ist der erste **Wegpunkt erreicht,** schaltet das Gerät sofort auf den nächsten Wegpunkt um (der erreichte Punkt wird dabei automatisch zum Active From Waypoint) und lotst Sie dorthin. Das funktioniert auch dann, wenn Sie den Wegpunkt nicht exakt erreichen, sondern ihn in geringer Entfernung passieren. Beim Passieren in größerer Entfernung kann es (wie bei der Track-Navigation) vorkommen, dass das Gerät noch lange Zeit versuchen wird, Sie zum eben passierten Punkt zu lotsen, ehe es auf den nächsten Punkt in Marschrichtung umschaltet. In diesem Fall kann man zwischendurch zur Kartenseite umschalten und danach weiter navigieren.

244gp Abb.: gm

▲ *Die Kartenseite zeigt den groben Wegverlauf*

Neuere Garmin-Modelle mit **Upcoming-turn Feature** weisen ca. 15 Sekunden vor jeder Richtungsänderung mit einem abgewinkelten Abbiegepfeil auf die neue Kursrichtung hin.

Achtung: Bei spitzwinkligem Routenverlauf ist es möglich, dass das Gerät auf den übernächsten Wegpunkt umschaltet, noch bevor der nächste ganz erreicht ist.

Viele Geräte bieten außerdem die Möglichkeit, per Knopfdruck eine **Route umzukehren,** um den Rückweg zu finden. Der letzte Wegpunkt der Route wird dann zum Ausgangspunkt, der erste zum Ziel, und Sie können sich auf dem Rückweg genauso vom GPS-Gerät leiten lassen wie vorher zum Ziel.

GPS-/Kompass-Navigation (Kurswinkel übertragen)

Da es auf längeren Touren wegen des Stromverbrauchs nicht sinnvoll ist, ständig mit eingeschaltetem GPS-Gerät durch das Gelände zu laufen, wird man in den meisten Fällen einfach grob nach Sicht navigieren und die Richtung nur gelegentlich per GPS überprüfen. In schwierigem Gelände ohne Orientierungspunkte oder bei schlechter Sicht wird man mit GPS und Kompass arbeiten und dazu den vom Gerät angezeigten Kurswinkel (Course) auf den Kompass übertragen. **Achtung:** Am GPS-Gerät muss dazu die vom Kompass angezeigte Nordrichtung ausgewählt sein! Also im Normalfall Magnetisch-Nord (MAG oder AUTO MAG) bzw. bei einem Kompass mit Missweisungsausgleich Geografisch-Nord (TRUE, Wahr).

Stimmen die Nordrichtungen an Gerät und Kompass überein, kann man den vom GPS-Gerät angezeigten Kurswinkel ganz einfach an der Kompassrose einstellen, ohne die Deklination zu berücksichtigen (das hat der Rechner im Gerät schon erledigt!). Verwendet man einen Kompass mit Missweisungsausgleich und am Gerät die Einstellung TRUE, so können die Kurswinkel zudem sogar direkt auf die

254gp Abb.: rh

▲ *Optimal: Navigation mit GPS-Gerät, Kompass und Karte*

Landkarte übertragen werden (im geografischen Netz immer; im geodätischen Gitter überall außer in polnahen Breiten).

Will man – was seltener der Fall ist – einen vom GPS-Gerät errechneten Kurswinkel auf die Landkarte übertragen (etwa um die Lage eines Wegpunktes auf der Karte zu finden), so muss am Gerät als Nordrichtung (Reference) entweder auf Geografisch-Nord (TRUE) eingestellt sein (wenn die Karte ein geografischen Netz hat) oder Gitternord (GRID) bei einem geodätischen Gitter. Die Differenz ist jedoch außerhalb der Polarregionen so gering, dass eine Verwechslung nicht ins Gewicht fällt. Die angezeigte Gradzahl wird dann an der Kompassrose eingestellt und genau wie bei der Kompassorientierung auf die Karte übertragen.

Navigation nach Moving Map

Höchsten Komfort bieten **neue Geräte mit Kartenspeicher und geladener topografischer Karte.** Denn sie zeigen nicht nur direkt am Display die aktuelle Position auf der Landkarte, sondern man kann sogar direkt nach dieser Karte navigieren! Dabei wird die Karte stets auf die aktuelle Position zentriert und man kann jede Abzweigung, alle Hindernisse und sonstige Geländemerkmale entlang der Strecke erkennen. Das bisherige Hauptproblem der GPS-Navigation bestand darin, dass das Gerät zwar stets die Richtung zum Ziel weisen konnte – aber nie den besten Weg dorthin. Aber genau das können Geräte mit geladener topografischer Karte nun auch! Weitere Informationen zum Thema digitale Karten finden Sie im Kapitel „GPS und digitale Landkarten".

200gp Abb.: gm

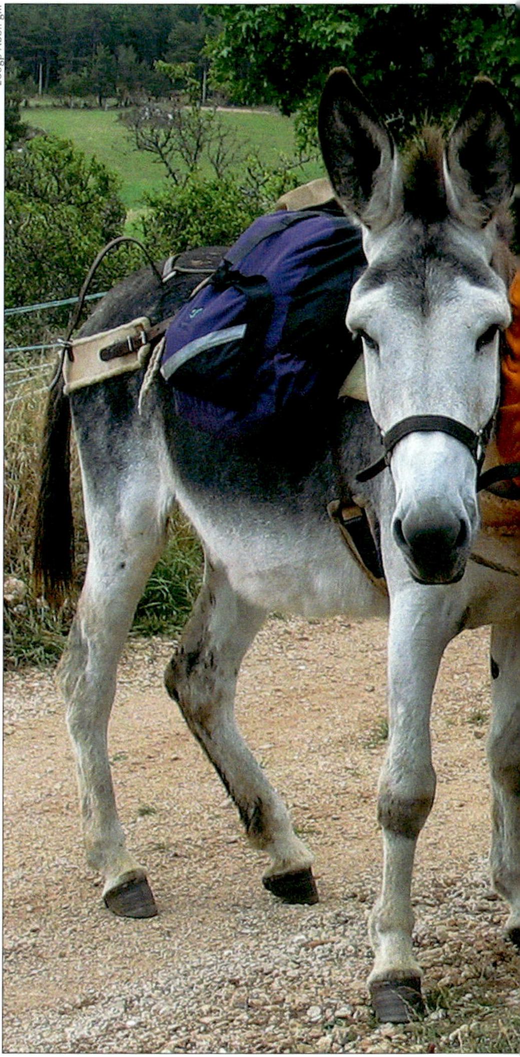

Praktische Beispiele
der GPS-Arbeit

Spektrum der Möglichkeiten

Das GPS-Gerät bietet ein breites Spektrum sehr verschiedener Hilfen für die Orientierung und Navigation: Als ständige Navigationshilfe im Dauerbetrieb, als gelegentliche Hilfe, um Kurs und/oder Standort zu überprüfen, oder als Sicherheitsreserve, die man nur für Notsituationen braucht. Man kann es entweder als ausschließliches Navigationsmittel ohne sonstige Hilfen nutzen oder kombiniert mit der Landkarte bzw. mit Karte und Kompass. Wie Sie GPS in der Praxis einsetzen, hängt u. a. von der Länge und Art der Tour ab, vom Gelände und von Ihren individuellen Vorstellungen. Dieses Kapitel erklärt die verschiedenen Arten der Nutzung und gibt einige praktische Beispiele.

! Bevor Sie das GPS-Gerät auf Wildnistouren einsetzen, sollten Sie im vertrauten Nahbereich Erfahrungen damit sammeln.

GPS ohne Landkarte

Grundsätzliche Überlegungen

Zumindest auf längere Touren sollte man stets Karte und Kompass mitnehmen – sie erweitern die Möglichkeiten der GPS-Nutzung beträchtlich und dienen als zusätzliche Sicherheit für den Fall, dass das Gerät nicht funktioniert oder keinen ausreichenden Empfang hat.

Trotzdem werden noch immer viele Touren (vor allem Tagestouren) ohne Karte und Kompass unternommen – und das soll natürlich nicht heißen, dass man dann auch das GPS-Gerät zu Hause lassen muss. Denn auch für sich allein ist das Gerät eine großartige Orientierungs- und Navigationshilfe, die

Karte und Kompass in vieler Hinsicht übertrifft. Auch mit dem GPS-Gerät allein können Sie jederzeit den Weg zurück zum Ausgangspunkt oder zu einem beliebigen Ziel finden, das als Wegpunkt im Gerät gespeichert ist. Die Navigation mit dem GPS-Empfänger allein eignet sich allerdings weniger für längere Rucksacktouren, da sie viel Strom verbraucht.

Beachten

Ein GPS-Gerät kann den Linealkompass keinesfalls ersetzen - auch ein Gerät mit integriertem elektronischem Kompass nicht!

Zu beherrschende Funktionen

Navigiert man ausschließlich mit dem GPS-Gerät, so kommt man mit den einfachsten Grundfunktionen aus und kann alles ignorieren, was die Orientierung sonst kompliziert macht: z. B. Übertragung von Koordinaten, Koordinatensysteme, Kartendatum und Missweisung. Im Wesentlichen muss man dann nur zwei Aufgaben beherrschen:

1. **Standorte ermitteln und als Wegpunkte im Gerät speichern** (siehe „Koordinaten ermitteln und speichern“)
2. **Entfernung und Richtung zwischen dem Standort und einem Zielpunkt ermitteln** (siehe „Go-To-Navigation“).

Für die erste Aufgabe brauchen Sie das Gerät nur unter freiem Himmel einzuschalten und die angezeigte Position per Knopfdruck zu speichern.

Für die zweite Aufgabe (Kursbestimmung) wählen Sie den Wegpunkt, den Sie ansteuern wollen, per GoTo aus und lassen sich vom Leitsystem (z. B. Richtungspfeil) dorthin lotsen. Einfacher geht es kaum!

Alternativ können Sie im Dauerbetrieb auch Ihren gesamten Weg aufzeichnen und sich mithilfe

der Routenskizze auf dem Display orientieren (s. „Kartenseite“ S. 111) oder sich per „Backtracking“ (s. S. 178ff.) auf dem ursprünglichen Weg zurückführen lassen.

Beispiel

Schalten Sie am Beginn Ihres Weges das Gerät ein und speichern Sie den ermittelten Standort (z. B. unter der Bezeichnung „START“) – selbst wenn Sie nicht beabsichtigen, mit GPS zu navigieren. Dann können Sie unterwegs von jedem Punkt den Weg zurück zum Ausgangspunkt finden, falls Sie sich verirren oder falls Dunkelheit oder ein Schneegestöber die Orientierung erschweren sollten.

Auch unterwegs sollten Sie Wegkreuzungen und Abzweigungen sowie andere wichtige Geländepunkte (Pass, Brücke, Furt etc.) als Wegpunkte abspeichern. Dann sind Sie im Notfall für den Rückweg nicht auf den Kurs in Luftlinie angewiesen, sondern können Ihren Weg in einzelnen Etappen zurückverfolgen.

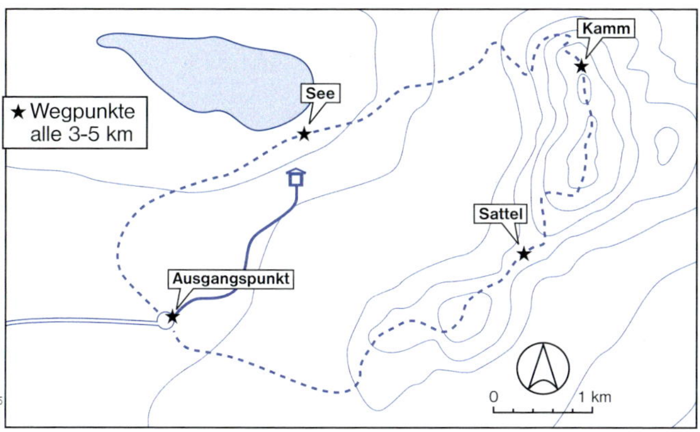

909gp

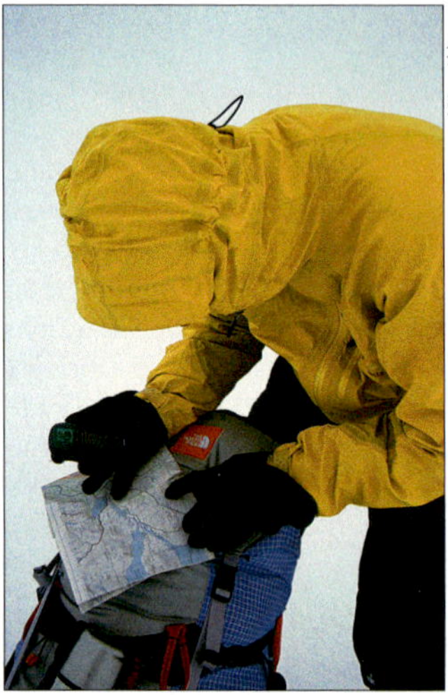

201gp Abb.: gm

▲ *Selbst im Schneegestöber kann man unterwegs den Weg zurück zum Ausgangspunkt finden*

Bezeichnen Sie die Wegpunkte so, dass die Reihenfolge klar ist (manche Geräte speichern jeden Wegpunkt mit Datum und Uhrzeit). Sie können die einzelnen Wegpunkte auch gleich als Route geordnet aufzeichnen lassen und diese Route für den Rückweg umkehren, oder Sie können die Wegpunkte für den Rückweg in beliebiger Weise zu einer Route kombinieren (etwa um einzelne Wegpunkte auszulassen und abzukürzen).

Außerdem kann es hilfreich sein, wenn Sie zu jedem Wegpunkt, der eine Gabelung oder Kreuzung markiert, die Richtung notieren, aus der Sie gerade kommen und in die Sie weitergehen wollen. Dann wissen Sie auf dem Rückweg stets, wo und wie Sie abzweigen müssen (einfach die Richtung umkehren). Die vom Gerät angezeigte Richtung zum nächsten Wegpunkt kann in solchen Fällen irreführend sein, wenn der falsche Weg zunächst in diese Richtung führt, der richtige aber einen Bogen macht. Wenn Sie beispielsweise am Ausgangspunkt den Wegpunkt „See" ansteuern, so wird das Gerät Sie auf den Weg zur Hütte (und damit in die Sackgasse) führen.

Bei Wanderungen ohne Pfad gilt sinngemäß das Gleiche, nur dass man vielleicht etwas häufiger Wegpunkte speichert (alle 30–60 Minuten) und besonders sorgfältig arbeitet. Man kann dann unter anderem auch auffällige Geländeformationen und den Beginn von Auf- und Abstiegen als Wegpunkte speichern.

GPS und Landkarte

Zu beherrschende Funktionen

Die Kombination von GPS-Gerät und Landkarte eröffnet eine Fülle zusätzlicher Hilfen, die größer ist als die Vorteile beider einzelnen Orientierungshilfen für sich. Sie erfordert die Beherrschung von zwei zusätzlichen Aufgaben:

1. GPS-Koordinaten (z. B. Standort, Wegpunkt) auf die Karte übertragen (s. Kap. „Standortbestimmung“ S. 166ff.).
2. Koordinaten von Punkten auf der Karte (z. B. Wegpunkt, Ziel) in das GPS-Gerät eingeben (s. Kap. „Koordinaten ermitteln und speichern“ S. 140ff.).

Die Navigation mit GPS und Landkarte funktioniert ähnlich wie mit GPS allein: entweder nach Sicht oder per GPS im Dauerbetrieb (s. o.) bzw. durch die Kombination beider Methoden. Hierbei ist die Karte jedoch eine wichtige zusätzliche Hilfe: Sie verrät Ihnen, wo Sie sich in Relation zur Umgebung befinden, wo Punkte liegen, die nicht im Gerät gespeichert wurden, und welches Gelände Sie auf der weiteren Strecke erwartet. Und sie hilft Ihnen, Entscheidungen zu treffen. So kann Ihnen z. B. an einer Kreuzung GPS allein nie mit Sicherheit sagen, welcher Weg zu Ihrem Ziel führt, denn der eine könnte ja zunächst direkt in Kursrichtung verlaufen, dann aber in eine andere Richtung biegen oder sogar enden, während ein anderer, der zunächst vom Kurs weg führt, im Bogen um ein Hindernis herum das angesteuerte Ziel erreicht.

Beispiel

Hier gilt ebenfalls, was bereits unter „GPS ohne Landkarte“ gesagt wurde. Darüber hinaus hat man

jedoch weitere Möglichkeiten. Wenn Ihr Ziel z. B. an einer Abzweigung vom ursprünglichen Pfad liegt und Sie unterwegs zu einer unbeschilderten Abzweigung gelangen, die nicht in der Karte eingezeichnet ist, dann können Sie mit GPS oder mit der Karte allein nicht entscheiden, ob es die richtige ist. Selbst mit Karte und Kompass ist dies nur möglich, wenn geeignete Orientierungspunkte zur Verfügung stehen, um den Standort zu bestimmen. Mit GPS und Karte hingegen kann man diese Entscheidung selbst bei Dunkelheit oder im dichtesten Nebel treffen. Sie können z. B. per GPS Ihre Position bestimmen und auf die Karte übertragen. Falls dies nicht möglich ist, z. B. wenn die Karte kein Gitter hat, kann man den im Gerät gespeicherten Ausgangspunkt per „GoTo" anpeilen und die Entfernung dorthin (in Luftlinie) ablesen. Überträgt man diese Entfernung maßstäblich auf die Landkarte, so ergibt sich aus dem Schnittpunkt mit dem bisherigen Pfad der Standort und man sieht sofort, ob die Abzweigung die gesuchte ist oder nicht.

GPS, Landkarte und Kompass

Zu beherrschende Funktionen

Erst diese Kombination erschließt die ganze Fülle der Orientierungs- und Navigationsmöglichkeiten. Vor allem auf längeren Wildnistouren sollte man unbedingt alle drei Hilfsmittel nutzen, denn dann wird man das GPS-Gerät nicht im Dauerbetrieb einsetzen wollen (sonst braucht man unter Umständen einen ganzen Batteriesatz pro Tag!). Um nicht ausschließlich nach Sicht navigieren zu müssen und trotzdem die Batterien zu schonen, muss man:

1. **Kurswinkel vom GPS-Gerät auf den Kompass übertragen.**

2. Seltener wird man Kurswinkel vom GPS-Gerät auf die Karte übertragen.

Diese Aufgaben sind im Kapitel „GPS-/Kompass-Navigation“ erklärt.

! Beachten Sie, dass beim Übertragen von Winkeln zwischen GPS und Kompass die Kursreferenz (Heading) richtig eingestellt sein muss.

Bei Wanderungen ohne Pfad können Sie – sobald der Kurs zum nächsten Zwischenziel am Kompass eingestellt ist – das GPS-Gerät wieder ausschalten und nach Kompass weiterwandern. Nur wenn geeignete Hilfsziele nicht vorhanden sind oder wegen zahlreicher Hindernisse kein gerader Kurs zu halten ist, wird man vorübergehend im Dauerbetrieb per GPS navigieren. Hat man das Zwischenziel erreicht, lässt man sich vom Gerät den neuen Kurswinkel anzeigen und überträgt diesen auf den Kompass.

GPS erspart in diesem Fall 1. die Kompasspeilungen für die Standortbestimmung (die Zeit kosten und bei fehlenden Orientierungspunkten evtl. unmöglich sind), 2. die Messung des Kurswinkels auf der Karte (Zeitaufwand) und 3. die Berücksichtigung der Missweisung (Fehlerquelle).

Aber selbst das ist noch nicht alles: Während man bei der Kompassnavigation ohne GPS stets sehr sorgfältig arbeiten und Hindernissen auf recht umständliche Weise ausweichen muss, um nicht vom Kurs abzukommen, genügt es mit GPS-Unterstützung, grob die Richtung zu halten und man kann Hindernisse „nach Augenmaß“ umgeht. Denn im Gegensatz zum Kompass verrät uns das GPS-Gerät jederzeit nicht nur den ursprünglichen Kurs (der uns wenig hilft, falls wir davon abgewichen sind), sondern stets den aktuellen Standort und den Kurs von diesem zum nächsten Ziel. Eine fantastische Hilfe –

im Vergleich dazu ist man allein mit Karte und Kompass regelrecht blind!

In deutlich gegliedertem Gelände mit Orientierungspunkten kann man natürlich auch bei abgeschaltetem GPS-Gerät längere Zeit ohne Kompass einfach nach Sicht wandern und den Empfänger nur bei Bedarf kurz einschalten, um den Kurs zu überprüfen und gegebenenfalls zu korrigieren.

Beispiel Kanutour

Sagen wir, Sie planen eine Kanutour in Kanada. Auch dabei kann GPS sehr hilfreich sein, wenngleich Sie vielleicht einwenden werden, dass man sich doch auf einem Fluss kaum verirren kann. Aber angenommen, die Route führt unterwegs über einen 10 km langen See und der Fluss zieht sich durch ein mehrere Kilometer breites Labyrinth von Inseln.

Vor dem Start können Sie z. B. die Koordinaten der Einsetzstelle, des See-Eingangs und See-Aus-

▼ *Navigieren auf einer Faltboottour*

202gp Abb.: gm

Praktische Beispiele

gangs, von Mündungen der Nebenflüsse, von Gefahrenstellen (Stromschnellen, Baumhindernisse etc.), von geeigneten Campstellen, von Berggipfeln entlang der Route etc. als Wegpunkte speichern; evtl. auch noch eine Reihe von Punkten, die die sicherste oder beste Route durch das Insellabyrinth markieren.

Beim Einsetzen bestimmen und speichern Sie kurz Ihren Standort und vergleichen ihn mit den aus der Karte ermittelten Koordinaten der Einsetzstelle, um evtl. Abweichungen feststellen und den Fehler korrigieren zu können. Die erste Tagesetappe ist problemlos, also können Sie das Gerät vorerst abschalten, Ihren Weg vom Fluss bestimmen lassen und sich nur nach Sicht und Karte orientieren, um ungefähr zu wissen, wo Sie sind. Aber abends wollen Sie dann eine bestimmte Flussinsel ansteuern, die ein Freund als ideale Campstelle empfohlen hat. Deshalb schalten Sie den Empfänger ein, solange Sie sicher sind, dass Sie die Insel noch nicht passiert haben, und steuern die Insel per GoTo an. Dem Richtungspfeil der Navigationsseite werden Sie zunächst nicht folgen können, da Flussschleifen zu Umwegen zwingen. Vielleicht wird der Pfeil gelegentlich sogar auf eine falsche Insel zeigen, weil sie genau zwischen Ihnen und der gesuchten liegt – aber das lässt sich anhand der eingeblendeten Entfernungsangabe zum Ziel sofort feststellen. Sobald die richtige Insel auftaucht, wird der Pfeil darauf weisen, die Entfernung zum Ziel nimmt deutlich ab und bei weiterer Annäherung an die Insel wird das Gerät Sie durch einen Signalton und eine entsprechende Meldung informieren.

Am nächsten Tag erwartet Sie gleich auf den ersten Kilometern eine Stromschnelle, die Sie bereits als Gefahrenstelle markiert haben, sodass das Gerät Sie warnt, sobald Sie sich ihr bis auf 100 m genähert haben. Der Empfänger bleibt also eingeschaltet,

und Sie paddeln fröhlich dahin – bis plötzlich der Alarm ertönt. Donnerwetter, die Schnelle hätten Sie erst einige Kilometer weiter erwartet! So kann man sich verschätzen. Jetzt sind Sie auf der Hut und können rechtzeitig anlegen. Leider muss die Schnelle umtragen werden, und nirgends ist ein Trail zu finden. Den Weg müssen Sie im unübersichtlichen Buschland selbst suchen und können dabei wegen der Felsen nicht dem Ufer folgen. Zunächst speichern Sie Ihren Standort, um mühelos zum Kanu zurückzufinden. Die beste Route können Sie (evtl. mithilfe der Karte und zunächst ohne Gepäck) ausfindig machen und mit einigen Wegpunkten speichern oder komplett aufzeichnen, um sie nachher genau wieder zu finden. Ohne Gerät wäre es jedes Mal eine mühsame Sucherei!

Etwas weiter folgt das Insellabyrinth, durch das Sie den besten Weg als Route im Gerät gespeichert haben, sodass Sie diese nur aktivieren müssen, um sich problemlos hindurchlotsen zu lassen. So ersparen Sie sich Schwierigkeiten mit Baumhindernissen oder Untiefen, die vielleicht in den Nebenarmen lauern. Und falls Sie im Gewirr von Schilf und Inseln eine Stelle passieren, die Anglerglück verspricht, so können Sie kurz die Position bestimmen und abspeichern, um sie am Abend vom Camp aus rasch zu finden.

Zwei Tage später ist der See erreicht. Der Seeausgang auf der anderen Seite ist natürlich nicht zu sehen, aber Ihr Gerät kennt ihn und kann Sie – in diesem Fall am besten mit der „Straßenseite" – genau dorthin führen. In der Zeit vor GPS hätten Sie den Kurswinkel von der Einmündung zum Ausgang am Kompass eingestellt und wären nach Kompasskurs gepaddelt. Dabei ist es aber – selbst wenn man den Kompass fast ständig im Auge behält – unvermeidbar, dass man durch Wind, Strömungen und Korrekturen beim Paddeln, ohne es zu bemerken,

In solch einem Flusslabyrinth ist es ohne GPS enorm schwer, seine Position zu bestimmen

203gp Abb.: rh

seitlich versetzt wird. Da der Kompass aber stets den gleichen Winkel anzeigt, gerät man auf einen Kurs, der parallel zum Soll-Kurs verläuft, und wird den Seeausgang fast mit Sicherheit nicht punktgenau treffen. Also fängt am anderen Ufer doch die Sucherei an. Nicht so mit GPS: Da das Gerät permanent den aktuellen Standort bestimmt, kann es jede Abweichung vom Soll-Kurs sofort registrieren und den zu steuernden Kurs entsprechend korrigieren. So erreichen Sie in nahezu gerade Linie den Seeausgang (oder jeden sonstigen Punkt, den Sie am jenseitigen Ufer ansteuern).

Falls Sie die Überquerung abbrechen und an irgendeinem Platz anlegen müssen (wegen Wind, Dunkelheit etc.), wäre es allein mit dem Kompass noch problematischer, sofern Sie keinen geeigneten Orientierungspunkt finden, um Ihren Standort am Ufer zu bestimmen. Mit GPS wissen Sie auch ohne Sicht genau, wo Sie sich befinden. Das Gerät verrät Ihnen auf Knopfdruck den neuen Kurs zum Seeausgang und weist Ihnen unterwegs stets die Richtung dorthin.

Da man auf Kanutouren oft Flusskarten benutzt, die bloße Kartenskizzen ohne ein Gitter sind, ist es schwierig, einen per GPS ermittelten Standort auf die Karte zu übertragen. Dann behilft man sich mit der „Kreuzpeilung" (s. S. 173). Selbst wenn diese wegen der fehlenden Nordlinien nicht sehr exakt ist, wird sie doch ausreichend genau sein, um mithilfe der Kartenskizze entscheiden zu können, an welcher Flussmündung, Insel, etc. man sich gerade befindet.

Beispiel Wanderung

Sagen wir, von einem Camp am Seeufer wollen Sie einen Berggipfel besteigen, der aber auf dem Weg durch das bewaldete Tal nicht immer sichtbar ist. Sie können nun den Berggipfel als Wegpunkt eingeben – entweder die aus der Karte abgelesenen Koordinaten oder per Referenzpunkt (s. S. 158) – und per GPS navigieren.

Um Strom zu sparen, ist es aber sinnvoll, den angezeigten Kurswinkel (CRS) am Kompass einzustellen und das Gerät abzuschalten. Ist unterwegs ein Teich oder eine Sumpfmulde zu umgehen, so kann man nach Sicht den groben Kurs halten und anschließend das GPS-Gerät kurz einschalten, um den neuen Kurs zum Ziel (BRG) zu ermitteln und auf den Kompass zu übertragen.

Beispiel Fahrrad-/Mountainbike-Tour

Zumindest wenn Sie Touren abseits geteerter Wege planen, sollten Sie sich eine spezielle Halterung für Ihr GPS-Gerät zulegen (s. S. 82/83). Außerdem ist auf dem Rad ein Gerät mit etwas größerem Display empfehlenswert bzw. mit der Option, Informationen besonders groß darzustellen, damit man sie trotz der Vibrationen gut ablesen kann.

Sagen wir, Ihre Tour führt durch ein Waldgebiet, das von zahlreichen Forstwegen durchzogen ist, sodass man ständig auf die richtige Abzweigung achten muss. Das kann ohne GPS sehr nervig sein, wenn man permanent anhalten muss, um auf der Karte zu schauen, bei welcher Abzweigung man sich wohl befindet – zumal es ohne GPS oft sehr schwer oder gar unmöglich ist, dies sicher zu bestimmen. Aber jetzt haben Sie die Etappe als Route eingegeben und diese am Start aktiviert. Nun können Sie sich per Richtungspfeil lotsen lassen – und wenn Ihr Gerät über das **Upcoming-turn Feature** verfügt, werden Sie etwa 15 Sekunden vor jeder Abzweigung darauf hingewiesen. Sonst ist es wohl besser, gleich nach der Kartenseite zu navigieren, um etwas „vorausschauen" zu können und alle Abzweigungen frühzeitig zu erkennen.

Aus dem Wald heraus führt ein schmaler Stichweg zu einer weiten Geröllebene, die zu einem Abstecher lockt, und verliert sich dort. Um das Pfadende später sicher und problemlos wieder zu finden, speichern Sie einfach kurz die Position als Wegpunkt, um sie dann auf dem Rückweg per Go-To ansteuern zu können.

Zunächst ist diese Ebene weit offen und leicht zu befahren, aber zunehmend wird sie von felsigen Bereichen unterbrochen, von Dickicht und von tief eingeschnittenen Rinnen, zwischen denen man leicht in Sackgassen gerät. Also schalten Sie Ihren

204gp Abb.: gm

elektronischen „Fahrtenschreiber" auf Dauerempfang (eventuell im Stromsparmodus) und lassen ihn den genauen Weg als Track aufzeichnen, damit Sie für die Rückfahrt nicht auf eine grobe Richtung angewiesen sind, sondern genau Ihrer vorherigen Route folgen können.

▲ Auch bei einer Moutainbiketour kann das GPS-Gerät gute Dienste leisten

Außerdem können Sie diesen Track speichern und archivieren, um ihn für spätere Touren als Führer durch das labyrinthische Gewirr nutzen zu können – oder um ihn einem Freund weiterzugeben, dem Sie diese Tour empfehlen wollen.

Routenplanung

Wer sein GPS-Gerät am Beginn der Tour zum ersten Mal in Betrieb nimmt, der wird unterwegs nicht all seine Vorteile nutzen können. Grundlage jeder GPS-Arbeit sind die Koordinaten von Wegpunkten. Deshalb ist es wichtig, das Gerät vorher mit möglichst vielen und sinnvoll ausgewählten Wegpunkten zu füttern. Kommt man mit leerem Speicher am Trailhead (Ausgangspunkt) an, so könnte das Gerät zwar prima rechnen, aber es hat keine Daten, mit denen es arbeiten kann.

Zu jeder Tourenplanung gehört es daher, die Route nicht nur wie bisher auf der Karte auszuarbeiten, sondern viele und sinnvoll gewählte Wegpunkte

205gp Abb.: gm

Bereits bei der Routenplanung sollte man sinnvoll gewählte Wegpunkte im GPS-Gerät abspeichern

im GPS-Gerät zu speichern, um unterwegs damit arbeiten zu können. Bei der Auswahl der Wegpunkte sollten Sie versuchen, anhand der Karte abzuschätzen, ob Sie an diesen Wegpunkten ausreichenden Satellitenempfang haben werden (oder ob evtl. Hindernisse die Sicht auf die Satelliten behindern).

Beachten Sie auch, dass das GPS-Gerät nicht erst auf der Tour selbst hilfreich sein kann, sondern evtl. schon bei der Anreise, um den Pfadbeginn zu finden. Speichern Sie daher ggf. auch Abzweigungen auf dem Fahrweg dorthin als Wegpunkte (aber möglichst als separate Route, damit Sie auf dem Rückweg zum Fahrzeug nicht versehentlich eine Straßenkreuzung ansteuern, die weit vom Fahrzeug entfernt liegt!).

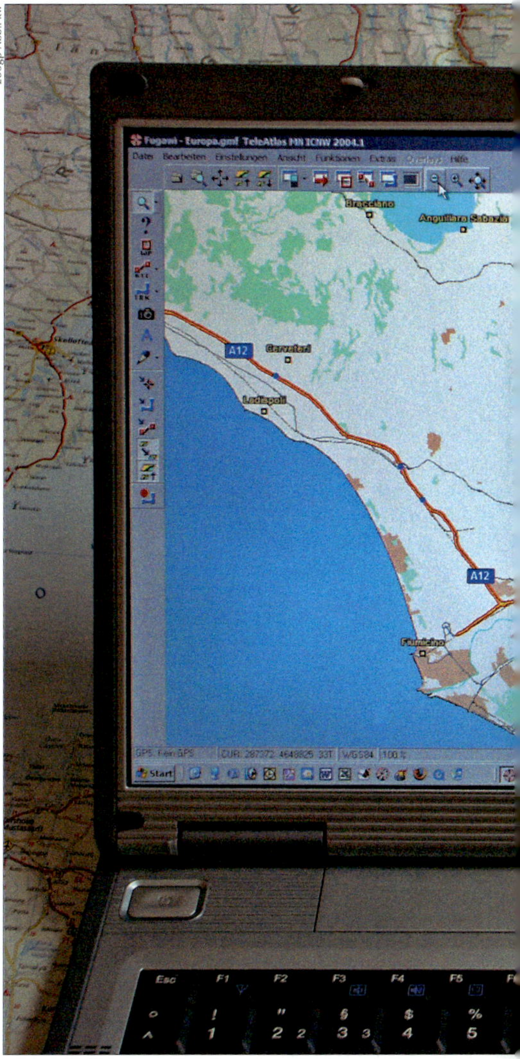
Fugawi - Europa.gmf TeleAtlas MN ICNW 2004.1
Datei Bearbeiten Einstellungen Ansicht Funktionen Extras Overlays Hilfe
Bracciano
Anguillara Sabazia
A12
Cerveteri
Ladispoli
A12
Fiumicino
Start
Esc
F1
F2
F3
F4
F5

206gp Abb.: kw

GPS und digitale Landkarten

Digitale Landkarten

Einführung

Die Fortschritte im GPS-Bereich sind rasant. Digitale Straßenkarten auf CD und Software für die Routenplanung gibt es bereist seit etlichen Jahren. Inzwischen sind sogar schon topografische Karten vieler interessanter Wandergebiete auf CD oder DVD erhältlich: Deutschland, Österreich, Schweiz und die USA sind z. B. fast komplett abgedeckt, ebenso die Französischen Alpen. Weitere Regionen Frankreichs folgen und auch von Norditalien und anderen europäischen Ländern sind bereits digitale Topos erhältlich.

Diese digitalisierten Landkarten sind eine beträchtliche Hilfe bei der Tourenplanung und -bearbeitung und inzwischen gibt es sogar topografische Karten, die direkt auf ein Handgerät geladen werden können, sodass man sie für die Navigation unterwegs (GPS online) anstelle von Papierkarten nutzen kann.

Voraussetzungen

Für die Kommunikation mit dem Computer muss das **GPS-Gerät eine I/O-(Input/Output-)Schnittstelle besitzen.** Bei neueren Geräten gehört zumindest eine serielle Schnittstelle zum Standard. Auch das Kabel ist teilweise bereits im Lieferumfang enthalten.

Um digitale Karten direkt auf das GPS-Gerät laden zu können, braucht es einen entsprechend **großen Speicher** (s. S. 65ff.). Meist werden hierfür externe, auswechselbare Speicherkarten mit 512 MB oder sogar mehreren GB Kapazität verwendet. Die Geräte müssen dann einen Steckplatz für solche Karten besitzen.

Beachten Sie, dass verschiedene Hersteller mit unterschiedlichen Arten von Speicherkarten arbei-

ten, die nicht kompatibel sind. Damit das Laden der Karten nicht endlose Stunden erfordert, sollten solche Geräte einen **schnellen USB-Anschluss** besitzen. Kartenfähige Geräte (wie Garmin GPSmap 60 sowie entsprechende eTrex- und eXplorist-Modelle) bieten diese Schnittstelle; ein USB-Kabel und eine Treiber-CD werden oft mitgeliefert. Beim Kauf von **GPS-Software** (s. S. 244ff.) ist darauf zu achten, ob sie kompatibel ist. Fast alle Programme unterstützen das Garmin USB-Protokoll; viele (aber nicht alle) dasjenige von Magellan.

207gp Abb.: gm

▲ *Das Garmin GPSmap 60 besitzt einen schnellen USB-Anschluss und ist kartenfähig*

Routenplanung am Computer

Digitale Landkarten und der PC ersparen bei der Tourenplanung die mühsame Arbeit, Koordinaten aus der Papierkarte herauszulesen und umständlich in das GPS-Gerät einzugeben. Das erleichtert nicht nur das aufwendige „Herausmessen", sondern erhöht auch Genauigkeit und Sicherheit. Denn bei all den langen Ziffernkolonnen passiert es nur zu leicht, dass man eine Ziffer vertauscht oder eine auslässt und dann einen völlig falschen Punkt eingibt.

Selbst digitale Rasterkarten (s. u.) ohne GPS-Schnittstelle (Karten, die nicht mit dem GPS-Gerät kommunizieren können) sind bereits **georeferenziert,** d. h. die einzelnen Bildpunkte (Pixel) wurden in Kartenkoordinaten umgerechnet, und in einer zusätzlichen Datei ist zu jedem Bildpunkt das entsprechende Koordinatenpaar gespeichert. Sie brauchen dann nur mit dem Mauszeiger einen Punkt

auf der Karte anzufahren und können die zugehörigen Koordinaten sofort ablesen, um sie in Ihr GPS-Gerät als Wegpunkt einzugeben. Viele der Programme, die zusammen mit den Karten geliefert werden, sind auch in der Lage, die Koordinaten wahlweise in mehreren unterschiedlichen Systemen anzuzeigen (z. B. Länge/Breite, UTM). Allerdings hat man in diesem Falle immer noch viel Aufwand mit dem Eintippen: Da die GPS-Geräte keine Zifferntastatur haben, müssen Ziffern und Buchstaben mühsam am Display angesteuert und per Enter bestätigt werden.

Standard ist daher heute die noch weit **komfortablere Tourenplanung** mit Computer-Anschluss und einem Wegpunkt-Programm (s. u.): Die Koordinaten der einzelnen Punkte müssen dann gar nicht mehr abgelesen und eingetippt werden, sondern sie werden durch einfaches Anklicken gespeichert. Sie können am PC (also über die gewohnte

▼ *Komfortable Tourenplanung am Computer*

208gp Abb.: kw

Tastatur!) mit Namen und Anmerkungen versehen, zu Routen kombiniert und dann per Datenkabel direkt auf das GPS-Gerät überspielt werden. So findet die ganze Routenplanung am PC statt und man muss sich nicht mehr mit der mühsamen Eingabe von Koordinaten über die begrenzte Tastatur des Empfängers herumärgern.

Umgekehrt können Punkte, deren Koordinaten man unterwegs im GPS-Gerät gespeichert hat (Position Fix), später auf den PC übertragen und am Bildschirm auf der Karte dargestellt werden, um die zurückgelegte Strecke auf der Karte zu verfolgen.

Die neuen Topos TK 50 III für Deutschland können sogar ohne zusätzliche Software Punkte, Routen und Tracks mit Garmin-Geräten austauschen.

Wer seine Routen (oder unterwegs aufgezeichnete Tracks) als elektronisches Logbuch archivieren möchte, kann sie per Datenkabel auf die Festplatte des Computers übertragen, ehe sie im Gerät gelöscht werden.

Auf dem PC kann man sie weiter bearbeiten, mit Kommentaren versehen und jederzeit wieder öffnen oder zurück auf das GPS-Gerät übertragen, falls man die gleiche Tour später wiederholen will. Mit der enormen Speicherkapazität einer Festplatte kann man auf diese Weise sämtliche Touren, die man je unternimmt, aufzeichnen, speichern und archivieren. Angler können in diesem Archiv interessante Fischgründe markieren und (mit Kommentaren versehen) auf der digitalisierten Karte anzeigen lassen. Kanuten können auf gleiche Weise Einsetz-, Umtrage- und schöne Campstellen, Hindernisse, Stromschnellen etc. eintragen, Pflanzenfreunde die Orte, an denen sie seltene Blumen gefunden haben etc. Die denkbaren Möglichkeiten sind nahezu grenzenlos – und die weitere Entwicklung schreitet in sehr raschem Tempo voran.

Digitale Karten

Für die Erstellung digitalisierter Karten gibt es zwei grundlegend verschiedene Methoden: entweder als **Raster- oder als Vektorkarte.** Darüber hinaus können digitale Karten mit einer unterschiedlichen Fülle von Informationen kombiniert sein und mit zusätzlicher Software, die eine Vielzahl weiterer Funktionen ermöglicht. Während man einfachste Rasterkarten nur gerade mal am Computer-Monitor betrachten und Koordinaten daraus ablesen kann, ermöglichen Vektorkarten mit entsprechender Software die komplette Routenplanung, GPS-Online-Navigation mit Autorouting und bequeme Touren-Archivierung. Manche können sogar direkt auf geeignete GPS-Geräte geladen werden.

Was leisten digitale Karten?

Die „eierlegende Wollmilchsau" gibt es auch unter den digitalen Karten nicht. Jede hat ihre spezifischen Vorzüge und Schwächen, sodass man bei der Auswahl zunächst entscheiden muss, welche Eigenschaften und Funktionen für den jeweiligen Zweck Priorität haben.

Kartenbild

Das „schönste", optisch informativste und übersichtlichste Kartenbild bieten topografische Rasterkarten wie z. B. die TK 50 Serie der Landesvermessungsämter, die optisch mit den Papierkarten praktisch identisch sind. Dies geht allerdings zu Lasten der Zoombarkeit, des Informationsgehalts und zusätzlicher Funktionen.

Details

Um die richtige Karte auszuwählen, müssen Sie wissen, welche Details für Ihre Zwecke wichtig

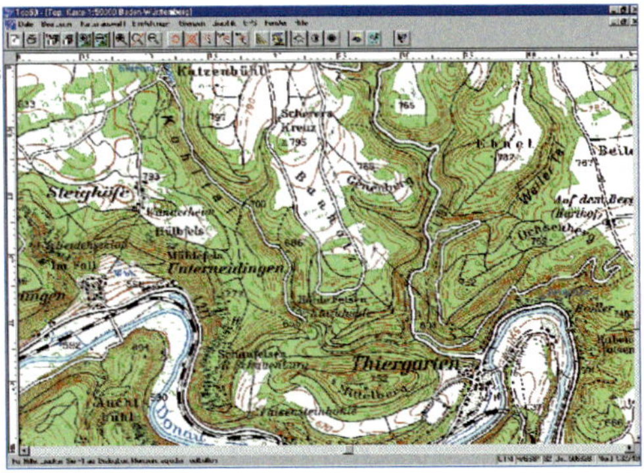

209gp Abb.: rh

Das schönste Kartenbild: Topografische Rasterkarte TK 50 der Landesvermessungsämter

sind. Genügen Ihnen für die Anreise Straßennetz und Orte? Brauchen Sie auch Stadtpläne? Wollen Sie stets wissen, wo die nächste Tankstelle, Raststätte etc. liegt? Wünschen Sie auch touristische Informationen? Gewöhnlich verändert sich der Detailreichtum dargestellter Informationen beim Zoomen, aber manche Programme bieten auch die Möglichkeit, individuell festzulegen, wie viele oder welche Details bei welchem Maßstab dargestellt werden.

Der Informationsgehalt verschiedener digitaler Karten ist allerdings extrem unterschiedlich und reicht von „recht dürftig" bis zu „überwältigend". In den bei uns erhältlichen GPS-Geräten mit Kartendarstellung ist meist eine **Basiskarte** von ganz Europa fest eingespeichert, die für Überlandfahrten gewöhnlich ausreicht. Diese Basiskarte oder schon eine gute **Städtedatenbank** (in der auch kleine Orte gespeichert sind) kann auf der Tour ausreichen, um stets zu wissen, wo man die nächste Ortschaft findet und wie weit man davon entfernt ist.

Für **Feinkarten** ganzer Länder (mit detailliertem Straßennetz und Stadtplänen) oder für **topografische Vektorkarten** reicht der interne Speicher

meist nicht aus. Solche Karten müssen ausschnittweise auf Datenkarten geladen werden – bei einigen wenigen Geräten auch direkt in den internen Speicher.

Zoomfunktion und Verschiebbarkeit

Einige Karten lassen sich nur schrittweise durch Klicken zoomen (wobei die Karte stets auf den Klickpunkt zentriert wird). Andere bieten die Option mit der linken Maustaste hinein- und mit der rechten herauszuzoomen. In beiden Fällen muss man u. U. viele Karten nacheinander aufbauen, ehe man den gewünschten Maßstab erhält. Komfortabler sind Karten, bei denen man zwischen beliebigen Maßstäben springen kann.

Alle Karten bieten (meist mehrere) Möglichkeiten, den dargestellten Kartenausschnitt horizontal und vertikal zu verschieben, was aber sehr unterschiedlich schnell und bequem zu erreichen ist. Bei manchen Karten muss das Bild nach dem Verschieben neu aufgebaut werden, um Verzerrungen zu beheben.

Kartenbearbeitung (Layout-Editor, Kartenauswahl)

Vektorkarten (s. u.) bieten nahezu endlose Möglichkeiten, das Kartenbild und den Informationsgehalt den individuellen Bedürfnissen anzupassen. Für einige Rasterkarten gibt es ein ↗**Overlay,** das es gestattet, beliebige Punkte mit Symbolen, eigenen Informationen und Einträgen zu versehen, die dann zusammen mit der Karte unter einem eigenen Namen gespeichert werden können.

Overlay
Diese „Schicht darüber“ ist so etwas wie eine virtuelle Klarsichtfolie, die man über seine Bildschirmkarte legt, um individuelle Einträge vorzunehmen. Sie lässt sich daher beliebig aus- oder einblenden.

Die Software einiger Karten bietet außerdem die Option, einzelne Kartenblätter oder ↗Tiles per

Mausklick zu markieren und im Zwischenspeicher zu sammeln, um sie dann auf das GPS-Gerät zu übertragen. Dies ist wichtig, um diese Karten direkt mit dem GPS-Gerät nutzen zu können, wenn sein Speicher nicht ausreicht, um komplette Karten zu laden.

Tiles (Kacheln)
Segmente nahtloser Karten (z. B. 2500 x 2500 Pixel = 3,1 MB), die man separat oder zu Map-Sets kombiniert auf GPS-Empfänger übertragen kann. Tiles entsprechen nicht den ursprünglichen Einzelkarten.

Routenplanung (Eingabe, Speichern, Ausgabe)

Um sich von seinem GPS-Helferlein schon bei der Anreise zum Wandergebiet Turn-by-Turn über eine geplante Route lotsen zu lassen, braucht man eines der Mobil-Geräte mit integrierter Routenberechnung (z. B. Garmin eTrex VentureCx oder GPSmap 60CSx). Sonst müsste man etwas umständlich GPS-Gerät und Notebook kombinieren und eine Software mit Routenplaner benutzen (z. B. TTQV oder Fugawi).

Speichern/Drucken

Viele, aber nicht alle Karten bieten die Möglichkeit, frei wählbare Ausschnitte als eigene Dateien zu speichern oder auszudrucken. Der gewünschte Ausschnitt ist leicht wählbar, schwieriger ist es oft, ihn so zu bestimmen, dass eine in Format, Maßstab und Details optimale Karte gedruckt wird. Falls Sie beim Händler die Möglichkeit haben, dies auszuprobieren, dann nutzen Sie sie!

Hilfreich ist auch die Option mancher Systeme (z. B. MapSource), bestimmte Kartenausschnitte zu selektieren und als Map-Set (mit Angabe des Speicherbedarfs) abzulegen, um sie auf das GPS-Gerät bzw. eine Speicherkarte zu übertragen. Diese Systeme legen zugleich eine Kartensammlung an, sodass man ohne das Programm zu wechseln, zwischen einzelnen Karten hin- und herschalten kann.

Suchfunktionen

Verschiedene Suchfunktionen sind enorm hilfreich, um rasch einen bestimmten Ort auf der Karte zu finden. Fast alle digitalen Karten bieten die Möglichkeit, Städte und Gemeinden per Namenseingabe zu suchen. Beachten Sie, dass bei amerikanischen Produkten die Umlaute oft durch die entsprechenden Vokale ersetzt wurden, d. h., Sie können „Düsseldorf" suchen bis sie dusselig werden, während Sie ein „Dusseldorf" sofort finden! Im Gewirr gleichnamiger Orte kann die PLZ weiterhelfen, was aber bei manchen Produkten bislang nur eingeschränkt funktioniert, sodass einem manchmal letztlich nichts anderes bleibt, als mühsam einzelne Orte durchzuprobieren. Und des Öfteren habe ich einen gesuchten Ort nicht ausfindig machen können, weil ich ihn nicht genau genug kannte, um anhand der Karte sagen zu können, welcher dieser gleichnamigen Orte nun wohl der richtige ist.

Eine ganze Reihe von Karten bieten auch die Option, nach Koordinaten zu suchen (wenn man sie kennt!) und einige Karten ermöglichen es Ihnen sogar, innerhalb einzelner Städte oder Stadtgebiete nach Straßennamen oder nach bestimmten Einrichtungen (Bahnhöfe, Parkplätze, Hotels, Sehenswürdigkeiten etc.) zu suchen.

Zusatz-Infos und Filter

Einige Karten auf CD-ROM (z. B. MapSource MetroGuide) enthalten zusätzlich verschiedene Datenbanken mit Hotels, Restaurants, Sehenswürdigkeiten etc., die beim Anklicken des jeweiligen Objekts geöffnet werden.

Manche Produkte umfassen nicht nur einen guten Straßenatlas mit Zoomfunktionen bis zum Maßstab eines Stadtplans und einen guten Routenplaner, sondern zudem eine Datenbank mit einer Fülle von Infos zu Campingplätzen, Hotels, Restaurants,

Sehenswürdigkeiten, Nationalparks etc. Man kann sie mit verschiedenen Filtern individuell auswählen und anzeigen lassen, beispielsweise selektiert nach Preiskategorien, Spezialitäten etc. oder in einem ausgewählten Radius um den aktuellen Standpunkt.

So aufwendig sind allerdings nicht alle touristischen Datenbanken und der Leistungsumfang einzelner Produkte ist sehr verschieden.

Rasterkarten

Die einfachste Art einer digitalen Karte ist ein **schlichter Scan: eine Rasterkarte (DRG = Digital Raster Graphics),** die man auf dem Bildschirm von PC oder Notebook betrachten, aber für die GPS-Navigation nicht nutzen kann. Solche Karten lassen sich mit einem Scanner problemlos selbst erzeugen. Dabei werden sie in einzelne Bildpunkte (Pixel) zerlegt und z. B. als Bitmap-, JPG- oder TIF-Dateien abgespeichert. Einzelne Objektarten (wie Straßen, Orte, Symbole) kann der Computer bei solchen Karten nicht unterscheiden, denn die Digitalkarte ist praktisch nur ein „Foto", d. h., der Rechner kennt nur die Pixel und ihre Farbe. Der Informationsgehalt der Karte kann nicht verändert werden und bei Vergrößerungen leidet die Bildqualität. Dafür ist das Kartenbild von dem einer Papierkarte kaum zu unterscheiden.

210gp Abb.: kw

▲ *Selbst gescannte Rasterkarte*

Neuere Rasterkarten (wie Top50 III) umfassen jedoch zugleich eine Software, die vielfältige Zusatzfunktionen bietet, sodass man diese Karten u. a. auch für eine komfortable Routenplanung und -bearbeitung nutzen und Wegpunkte, Routen und Tracks zwischen Computer und GPS-Gerät übertra-

211gp Abb.: kw

▲ *Bei extremer Vergrößerung kann man die einzelnen Pixel deutlich erkennen*

Alles eine Frage des Formats
Da sowohl Raster- als auch Vektorkarten in sehr unterschiedlichen Dateiformaten angeboten werden, ist beim Kauf immer darauf zu achten, ob das jeweilige Format mit der benutzten Software kompatibel ist, sonst können die Dateien nicht geöffnet werden!

gen kann. Außerdem sind diese Karten mit Programmen wie Fugawi und Touratech kompatibel, die eine noch größere Funktionsfülle für Planung, Auswertung und Archivierung bieten. Besonders interessant ist, dass sich mit diesen Programmen sogar selbst erstellte Scans problemlos weiter bearbeiten und für die Navigation verwendbar machen lassen!

! Rasterkarten können auf kein GPS-Gerät geladen werden!

Vektorkarten

Vektorkarten sind weit aufwendiger herzustellen, da jede einzelne Objektart separat erfasst und die ganze Karte Punkt für Punkt aufgebaut werden muss. Dafür können einzelne Objekte bei den Vektorkarten in einer eigenen Datenbank gespeichert und mit beliebigen Zusatzinformationen (Öffnungszeiten, Adressen, Preise etc.) versehen werden. Sie werden daher auch als „intelligente" Karten bezeichnet (s. Exkurs). Diese als **„Attribute"** bezeichneten Zusatzinformationen sind stets verfügbar, stören aber nicht das Kartenbild. Sie erst ermöglichen es der Routenplaner-Software, eine Strecke entlang bestimmter Verkehrswege zu berechnen und anzuzeigen.

Weiterhin bestehen Vektorkarten aus mehreren **Schichten** (Layers) unterschiedlicher Objektarten. Durch Ein-/Ausblenden einzelner Schichten und Bearbeitung der Objekte kann man den Informationsgehalt der Karte den individuellen Bedürfnissen anpassen. Der Maßstab ist nahezu beliebig veränderbar, ohne dass die Qualität der Darstellung lei-

det. Außerdem erfordern Vektordaten weniger Speicherplatz, sodass auf einer einzigen CD oder DVD eine unglaubliche Fülle von Informationen Platz findet. Eine Vektorkarte kann also eine fast unbegrenzte Bandbreite von Informationen enthalten, ohne dadurch unübersichtlich zu werden. Nachteilig ist auf den ersten Blick das etwas schematisierte Kartenbild, das nicht der gewohnten Darstellung entspricht. Auf Vektorkarten gibt es keine wirklichen „Kurven", sondern immer nur gerade Linien. Selbst was zunächst als gekrümmte Linie erscheint, entpuppt sich beim Zoomen als Zusammensetzung gerader Linien, sodass diese Karten immer etwas vergröbern. Inzwischen gibt es aber auch sehr stark verfeinerte Vektordaten, welche die Vorzüge von Raster- und Vektorkarten kombinieren.

„Dumme" und „intelligente" Landkarten

Rasterkarten sind „schön, aber dumm", denn sie wissen nur: Dies ist ein blauer, roter, gelber oder schwarzer Bildpunkt. Mehr nicht! Vektorkarten hingegen wissen: Dieser Bildpunkt gehört zu einer Straße, einem Wanderweg, einem Gebäude etc. Und wenn sie das erst einmal unterscheiden können, dann hat das weitere Wissen keine Grenzen, denn mit den Objektkategorien lassen sich beliebig weitere Informationen verknüpfen wie z. B.: Diese Straße ist eine Autobahn auf der aber in diesem Bereich ein Tempolimit von 100 km/h gilt, oder: Sie ist für Autos gesperrt und darf nur von Radfahrern benutzt werden, oder: Jenes Gebäude ist eine Wanderhütte mit diesen Öffnungszeiten und jener Telefonnummer etc. Berühren Sie den Punkt mit Ihrem Mauszeiger, so öffnet sich sofort eine Art von „Sprechblase" und der Punkt verrät sein Wissen. Dann ist plötzlich alles möglich!

Kalibrierung (Georeferenzierung)

Hinter dieser kompliziert klingenden Bezeichnung verbirgt sich eine ebenso einfache wie nützliche Zusatzfunktion. Eine Software kalibriert die gescannte Karte, das heißt, sie rechnet die einzelnen Bildpunkte (Pixel) in Kartenkoordinaten um und legt eine zusätzliche Datei an, die **jedem Bildpunkt ein Koordinatenpaar zuordnet.** Jetzt ist auch die Rasterkarte nicht mehr ganz „dumm", denn sie kennt nun zumindest die genaue geografische Lage jedes ihrer Bildpunkte! Der Vorteil ist enorm: die Koordinaten müssen nicht mehr aus der Karte herausgemessen und von Hand in das GPS-Gerät eingegeben werden. Sie lassen sich für jede beliebige Mausposition am Bildschirm ablesen. Wegpunkte und ganze Routen können am PC mühelos per Mausklick erzeugt und direkt auf den GPS-Empfänger übertragen werden. Umgekehrt lassen sich Kursaufzeichnungen (Tracks) vom GPS-Gerät auf den Computer überspielen, auf der Karte darstellen, bearbeiten und speichern.

212gp Abb.: rh

▲ *Georeferenzierte topografische Rasterkarte. Unten rechts sind angegeben: Gitter (UTM), Kartendatum (WGS84), Zone (32) und Koordinaten Ost und West*

Diese Möglichkeiten fasst man unter dem Begriff ↗**GPS-Offline** zusammen. Praktisch alle Rasterkarten sind bereits georeferenziert und können damit auch für die Offline-Arbeit verwendet werden. Selbst gescannte Karten kann man mit der entsprechenden Software (siehe Kapitel „Software für Planung und Navigation") selbst kalibrieren.

GPS-Offline

Nutzung digitaler Karten ohne aktiven GPS-Empfänger (also ohne Satelliten-Empfang) zur Routenplanung, -bearbeitung und -übertragung zu Hause am PC.

Höhendaten

Ebenso wie man durch die Kalibrierung zu jedem Bildpunkt dessen Koordinaten speichern kann, können die **Bildpunkte auch mit der entsprechenden Höhenangabe verknüpft werden,** sodass man ein digitales Höhenmodell (DHM) bzw. Geländemodell (DGM) erhält. Wenn Sie bei einer solchen Karte den Mauszeiger über den Bildschirm ziehen, werden zu jedem berührten Punkt neben den Koordinaten auch die Höhen eingeblendet. So kann man bei der Tourenplanung für die gewünschte Route rasch und bequem ein **Höhenprofil anfertigen** und die gesamten Höhenmeter für Auf- und Abstieg berechnen lassen. Manche Karten (wie die Top50) bieten zusätzlich die Option, das Gelände in 3D-Ansicht zu betrachten (3D-Brille liegt bei) oder einen simulierten Flug über die Relief-Landschaft zu machen.

Immer diese Formate
Auch hier ist zu beachten, dass die Dateien in verschiedenen Formaten vorliegen können - und dass nicht jede Software jedes Format lesen kann.

Topografische (und einige andere) Rasterkarten sind bereits mit Höhendaten verknüpft. Sonst kann man auch Höhendaten als separate Datei erhalten oder aus dem Internet laden (z. B. SRTM-Daten) und mit entsprechender Software (Touratech, Fugawi) importieren.

Genauigkeit: Die Genauigkeit (Auflösung) der Höheninformationen ist von der Dichte der Messpunkte abhängig. Eine Auflösung von 50 m (wie bei Top50) bedeutet jedoch nicht, dass die Höhenangaben um 50 m danebenliegen können, sondern, dass die Messpunkte im Abstand von 50 m gesetzt wurden. Die Höhe der Punkte dazwischen wird interpoliert und man erhält eine Höhengenauigkeit von 2–3 m.

▶ *Ausschnitte (Kacheln) werden per Mausklick markiert und separat gespeichert*

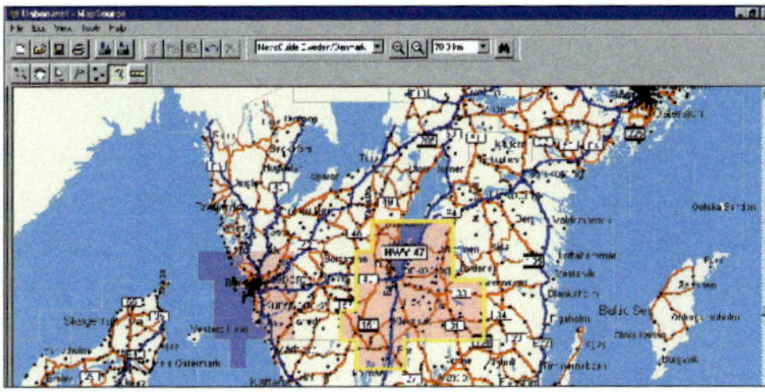

213gp Abb.: rh

Einzelblätter oder „nahtlose" Karten

Digitale Karten werden auf dem Bildschirm je nach Software entweder als einzelne Landkarten mit Rand dargestellt (genauso wie die Papierkarten) oder für eine ganze Region oder ein komplettes Land nahtlos aneinander gefügt (seamless maps). Gute nahtlose Karten ermöglichen es, vom Hersteller festgelegte **Ausschnitte** (Kacheln oder Tiles) per Mausklick sichtbar zu machen und separat zu speichern (z. B. um sie in das GPS-Gerät zu laden, falls es sich um Vektorkarten handelt).

Einige Programme (z. B. Fugawi, Touratech QV) bieten die Möglichkeit, auf der Festplatte Karten von verschiedensten CD-ROMs abzuspeichern und so eine umfangreiche elektronische Kartothek anzulegen. Bei Verbindung mit einem GPS-Empfänger kann das Programm automatisch diejenige Karte laden, auf der sich der aktuelle Standpunkt befindet.

GPS-Online
Nutzung digitaler Karten mit aktivem GPS-Empfänger zur Orientierung und Navigation unterwegs

Karten mit GPS-Schnittstelle (Moving Map)

Nur Karten mit GPS-Schnittstelle sind auch GPS-fähig und können für die ↗**GPS Online-Navigation** genutzt werden (was allerdings mehr für die Navigation im Fahrzeug als für den Outdoor-Gebrauch wichtig ist). Wenn der GPS-Empfänger mit einem

PDA oder Notebook verbunden ist, können die aktuelle Position, die Fahrtrichtung und die zurückgelegte Route (Track) in Echtzeit auf der Karte darstellt werden. Das System „weiß“ dann jederzeit, wo Sie sich gerade befinden und kann den Weg zu einem eingegebenen Zielpunkt weisen. Außerdem verschiebt sich während der Bewegung die Karte auf dem Bildschirm, sodass sie ständig auf die aktuelle Position zentriert ist (daher die Bezeichnung Moving Map). Diese Möglichkeiten bieten beispielsweise die Software der ↗**MapSource- und MapSend-Karten** und TouratechQV (siehe S. 234f. und 254). Und inzwischen ist sie nicht mehr nur PDA-Nutzern oder Fahrern von Autos mit GPS-Gerät vorbehalten. Da man Topos jetzt auch auf das GPS-Gerät laden kann, können Sie auch bei Radtouren und Wanderungen per Moving Map auf dem Display Ihres Handgeräts navigieren!

236gp Abb.: rh

▲ *GPS-Fenster einer Software mit GPS-Schnittstelle (FUGAWI)*

MapSource
Feinkarten als Straßenkarten oder als Topos, die es ermöglichen mit bestimmten Garmin-Geräten bis zu einzelnen Hausnummern – oder selbst durch pfadlose Wildnis – zu navigieren.

Beispiele für digitale Rasterkarten

Während vor wenigen Jahren die GPS-fähigen, topografischen Rasterkarten der Landesvermessungsämter eine sensationelle Neuigkeit waren, gibt es inzwischen bereits eine Fülle digitaler Topos (überwiegend Raster- aber zunehmend auch Vektorkarten!) von verschiedenen Ländern (Alpenländer, Frankreich, Norwegen, USA/Kanada etc.), von anderen Anbietern (z. B. DAV, Kompass) und von den Geräte-Herstellern selbst (z. B. MapSource von Garmin und MapSend von Magellan).

Top50

Die topografischen Karten im Maßstab 1 : 50.000 (kurz: Top50) sind die digitale Version der bekannten Papierkarten – und genauso präzise und zuverlässig. Obwohl die Top50 inzwischen nicht mehr allein auf weitem Feld steht, so ist sie noch immer der „Klassiker" und gleichzeitig vom Leistungsumfang her führend. Sämtliche Topos eines Bundeslandes sind auf einer oder zwei CDs zusammengefasst und eine Übersichtskarte im Maßstab 1 : 200.000 ist ebenfalls dabei.

Diese Digitalkarten sind nicht nur preisgünstiger verglichen mit der gleichen Zahl von Papierausgaben, sondern bieten daneben eine ganze Reihe von Vorteilen:

- Auswahl verschiedener Koordinaten- und Bezugssysteme
- Anzeige von Koordinaten und Höhe an der Cursorposition
- Suchfunktion nach Orts- und Objektnamen oder Koordinaten
- Zentrieren der Karte auf gesuchte Objekte
- Zoomfunktionen
- Messen von Entfernungen und Flächen
- Erstellen von Höhenprofilen und Errechnen der Auf-/Abstiegsmeter
- Einfügen individueller Grafiken/Texte als Overlay
- 3D-Darstellung und Flugsimulation
- Erstellen von Wegpunkten/Routen und Upload auf GPS-Geräte
- Download von Wegpunkten, Routen und Tracks vom GPS-Gerät
- Darstellung der Wegpunkte, Routen und Tracks auf der Karte

Was leider immer noch fehlt, ist eine Schnittstelle für die direkte Datenübertragung zum/vom GPS-Gerät. Das heißt, die Overlays müssen immer zuerst

Top50 mit markierter Route

gespeichert und dann mit einem anderen Programm übertragen werden.

So können sie beispielsweise mit der Grafikfunktion „Linie" den geplanten Wanderweg mit allen Abzweigungen detailliert markieren und auf der Karte sichtbar machen. Wenn Sie die Linie nun mit der Maustaste anklicken, werden die markierten Punkte sichtbar und Sie können u. a. auf „Geländeschnitt" klicken, um sich ein exaktes Höhenprofil anzeigen zu lassen, das zudem die Gesamtstrecke sowie den Gesamthöhenunterschied für Auf- und Abstieg angibt.

Dieses Overlay können Sie nun als Datei abspeichern (zu diesem Zweck im ASCII-Format, nicht als binäre Datei). Danach öffnen Sie das Datenübertragungsprogramm **GPSTrans,** das sich ebenfalls auf der Top50-CD befindet (oder ein anderes wie z. B. GarFile), um das Overlay auf ein Garmin-Gerät zu überspielen. Das Programm finden Sie über den Explorer im Ordner GPSTrans der CD.

- Linien werden dabei als Routen gespeichert und als „Route 000", „Route 001" etc. benannt, die Klickpunkte beim Richtungswechsel erhalten die Bezeichnungen „RP000", „RP001" etc. (Denken Sie daran, die Route neu zu benennen, ehe Sie

das nächste Overlay übertragen, da sie sonst überschrieben wird).

- Punkte, Dreiecke, Vierecke etc. werden als Wegpunkte übertragen und erhalten die Bezeichnung „WP000", „WP0001" etc.
- Flächen werden nicht übertragen.

Leider haben die Overlays den Nachteil, dass sie nur Grafiken sind und nicht – wie in anderen Kartenprogrammen – als Wegpunkte und Routen bearbeitet und archiviert werden können.

Beachten: Falls die geplante Route mehr Punkte umfasst als Ihr GPS-Gerät pro Route speichern kann, so werden die überzähligen Punkte von GPSTrans nicht übertragen.

Ebenso können mit GPSTrans auch Wegpunkte und Routen vom GPS-Gerät auf den Computer geladen und als Overlay in Top50 geöffnet werden. Dabei werden allerdings alle im Gerät gespeicherten Wegpunkte in ein und dasselbe Overlay übertragen (es kann nicht ausgewählt werden). Routen und Tracks erscheinen auf der Karte als Linien, Wegpunkte als rote Punkte.

Ein anderes Programm zur Datenübertragung zwischen Computer und GPS-Gerät ist **GarFile.** Dieses Programm kann auch binäre Overlays übertragen. Strecken mit mehr Wegpunkten, als eine Route fassen kann, teilt dieses Programm in mehrere Routen auf, sodass alle Punkte übertragen werden.

Datenaustausch

Overlays im ASCII-Format können u. a. von folgenden Programmen gelesen und daher zwischen den jeweiligen Karten ausgetauscht werden: Top50, Austrian Map, AV-Digitalkarten und Kompass Digital.

Andere Geräte

Um Overlays von Top50 auf andere als Garmin-Geräte zu übertragen, müssen sie konvertiert werden. Geeignete Programme für die Konvertierung und Übertragung (wie z. B. EasyTrans und EasyGPS) findet man im Internet.

Weitere Topos

Topos als digitale Rasterkarten mit ganz ähnlichen Funktionen wie die Top50 gibt es u. a. auch von **Österreich** (AMAP Fly, Maßstab 1 : 50.000, ganz Österreich auf einer DVD) und der **Schweiz** (Swiss Map 50 auf einer DVD und Swiss Map 25 auf acht DVDs, beide mit direkter GPS-Schnittstelle!). Für **Frankreich** sind IGN Topos 1 : 25.000 teilweise auch als Vektorkarten erhältlich (also direkt auf GPS-Geräte ladbare Karten!), z. B. für die Französischen Alpen und die Bretagne – aber bislang noch nicht flächendeckend.

Alpenvereinskarten

Sämtliche Alpenvereinskarten sind inzwischen auch digital auf zwei CDs erhältlich und werden mit einer einfachen Planungssoftware geliefert, die es ermöglicht, Wegpunkte, Routen und Tracks zu erstellen und auf Garmin-Geräte zu übertragen (nicht die Karten selbst!) bzw. Wegpunkte und Tracks von den Geräten herunterzuladen. Sie bieten ebenfalls Overlays und ähnliche Funktionen wie Top50, jedoch keine Höhenangaben.

Kompass Karten

Die Kompass Digital Maps sind Rasterversionen der bekannten Wanderkarten und bis zum Maßstab 1 : 10.000 zoombar. Die digitalen Karten umfassen eine Planungssoftware zum Erstellen, Übertragen und Verwalten von Wegpunkten und Tracks auf bzw. von Garmin-Geräten sowie eine Overlay-Funktion. Neuere Versionen bieten auch Höheninformationen. Zudem können sie sogar mit dem OziExplorer (s. u.) geöffnet werden.

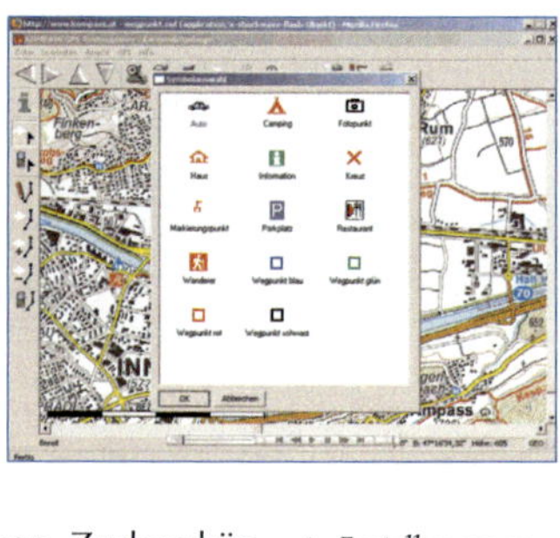

260gp

▲ *Erstellung von Wegpunkten bei Kompass Karten*

Beispiele für auf GPS-Geräte ladbare Vektorkarten

Während man mit Rasterkarten grundsätzlich nur am Computer arbeiten und lediglich Wegpunkte von der Karte ins GPS-Gerät laden kann, bieten Vektorkarten die Möglichkeit, die gesamte Karteninformation auf ein GPS-Gerät zu laden (also auch das ganze Kartenbild selbst!) und auf dem Display als Moving Map (s. S. 226f.) darzustellen.

Bis vor kurzem gab es im Vektorformat praktisch nur Straßenkarten. Jetzt sind auch topografische Vektorkarten erhältlich und auf bestimmte Geräte ladbar. Mit der Karte auf dem Display des GPS-Geräts weiß man dann unterwegs mit einem Blick, wo man ist – und man kann damit selbst auf Wanderpfaden oder in wegloser Wildnis nach der Karte navigieren und dabei Hindernisse bzw. den besten Weg im Voraus erkennen. Bisher gibt es Vektor-Topos für Garmin- (MapSource) und für Magellan-Geräte (MapSend). Leider sind beide Formate nicht kompatibel, d. h. die Garmin-Karten sind mit einem Magellan-Gerät nicht zu nutzen und umgekehrt.

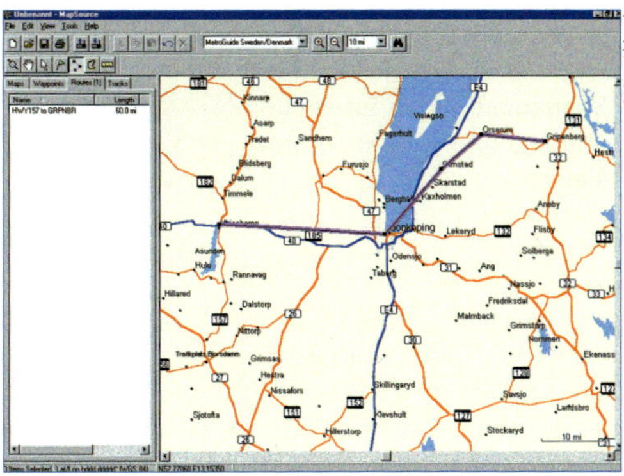

218gp Abb.: rh

▶ *Die MapSource-Karten sind für Garmin-Geräte nutzbar*

Für gewöhnlich werden die topografischen Vektor-Karten für eine Region (etwa Süddeutschland) oder für ein ganzes Land auf CD oder DVD geliefert. Davon muss man sie zunächst auf die Festplatte des Computers übertragen. Ja nach Speicherkapazität werden dann einzelne Ausschnitte (so genannte „Kacheln") markiert und per USB-Kabel auf die Speicherkarte bzw. das GPS-Gerät übertragen. Manche Vektor-Topos (z. B. MapSend Frankreich) sind auch schon auf Speicherkarte erhältlich.

Basemap

Viele GPS-Geräte (z. B. alle Garmin-Straßennavigationsgeräte) enthalten im internen Datenspeicher (meist 1–3 MB) bereits eine **Basiskarte** (Basemap), die z. B. ganz Europa mit Überlandstrecken, Landesgrenzen, Städten, Wasserwegen, Flughäfen, Eisenbahnlinien etc. enthält und für die Überland-Navigation bereits ausreicht. Diese Karte ist zoombar (von der Europa-Übersicht bis zu 35 km auf der Displaybreite), zeigt stets die aktuelle Position und verschiebt sich während der Fahrt (Moving Map). Zudem umfasst sie eine Datenbank mit allen mittleren und größeren Städten, die man per Namenseingabe suchen und dann per GoTo-Taste als Ziel ansteuern kann. Die Richtung zu einem ausgewählten Ziel wird dabei aber nur in der Luftlinie und nicht im Straßenverlauf angezeigt (keine Straßennavigation). Hingegen umfassen gute Basemaps heute selbst kleinste Ortschaften, sodass sie bereits für Radtouren interessant werden – oder sogar, um auf einer Wanderung im Notfall rasch die nächste Ortschaft zu finden.

! Die Basiskarte ist fest installiert und kann nicht gelöscht oder überspielt werden. Falls man sein GPS-Gerät wegen des evtl. günstigeren Preises in den USA kauft, so wird es u. U. nur

die Basiskarte von Nordamerika enthalten und keine von Europa. Will man aber ein Gerät mit der Basiskarte von Nordamerika, so muss man es auch dort kaufen, weil man in Europa sicher nicht fündig wird. Es gibt zwar auch weltweite Basemaps auf CD zu kaufen, doch lassen sich diese nur in den Zusatzspeicher laden; der Basemap-Speicher ist schreibgeschützt.

MapSource MetroGuide und CityNavigator

MapSource ist der Oberbegriff für eine ganze Serie digitaler Vektor-Kartenprodukte der Firma Garmin. Dabei umfasst jede CD oder DVD nicht nur digitales Kartenmaterial, sondern zugleich das MapSource-Computerprogramm, das es ermöglicht, alle MapSource-Karten am Monitor anzuzeigen, zu verwalten und in geeignete (zur Darstellung von Karten vorgesehene) Garmin GPS-Empfänger zu laden.

Bis vor wenigen Jahren waren fast ausschließlich Straßenkarten (Feinkarten) erhältlich. Sie umfassten das vektorisierte Straßennetz eines bestimmten Landes samt detaillierten Stadtplänen aller größeren Orte und zahlreiche POIs wie beispielsweise Tankstellen, Parkplätze, Hotels, Gaststätten, Krankenhäuser etc. Heute bekommt man den MetroGuide bzw. den CityNavigator Europe auf einer DVD, die praktisch ganz Westeuropa abdeckt. Die Karten sind in einzelne Kacheln aufgeteilt, sodass (je nach verfügbarem Speicherplatz) eine bestimmte Anzahl Kacheln ins GPS-Gerät überspielt werden kann. Wegpunkte und GPS-Routen können in jeden Garmin-Empfänger geladen werden – die Karten jedoch nur in bestimmte Modelle mit entsprechend großem Speicher.

Welche Karte für welches Gerät?

Eine tabellarische Übersicht, welche Karten auf welche Geräte geladen werden können, finden Sie auf der Garmin-Website unter www.garmin.de/MapSource-Tauglichkeit.php.

219gp Abb.: rh

◀ *MapSource MetroGuide*

Mit den preisgünstigeren **MetroGuide-Karten** lassen sich am Computer automatisch Routen berechnen. Die Kartendaten dieser CD können von Garmin-Geräten mit einem Speicherplatz von über 1,4 MB verwendet werden.

Die **CityNavigator-Karten** unterstützen das Autorouting am PC und in dafür geeigneten GPS-Geräten. Diese Routen lassen sich am PC individuell anpassen (z. B. mit Zwischenzielen versehen) und dann auf das Gerät übertragen.

Damit werden sogar kleine Outdoor-Handgeräte wie z. B. der eTrex Venture Cx zu routingfähigen Autonavigationssystemen und müssen für die Fahrt nur noch mit der entsprechenden Halterung am Armaturenbrett fixiert werden. Dann lotsen sie den Fahrer mit genauen Turn-by-Turn-Anweisungen und Abbiegepfeilen zum Ziel (nur die Sprachausgabe fehlt noch).

Nicht überfüttern

Die Kapazität der Speicherkarten hat bereits mehrere GB erreicht, sodass man in Versuchung kommen könnte, sein Handgerät mit einer kompletten Topo-CD zu füttern (um sicher alles dabei zu haben) und womöglich noch etliche Straßenkarten dazu. Überladen Sie es jedoch nicht (möglichst nicht über 512 MB), sonst überfordern Sie den Prozessor des Geräts und er wird sehr langsam oder bleibt vielleicht sogar ganz hängen.

MapSource Topos

Die MapSource Topo Deutschland im Maßstab 1:25.000 war noch unlängst die erste und einzige topografische Karte, die man direkt auf ein GPS-Gerät laden kann. Sie stellt neben Straßen und Orten auch Pfade, viele Wanderwege, Wälder, Gewässer und Berge dar. Außerdem enthält sie zahlreiche POIs, die man als Wegpunkte ansteuern kann. Inzwischen sind MapSource Topos u. a. für folgende Länder erhältlich: Schweiz, Österreich, Frankreich, Großbritannien, Niederlande, Belgien, Tschechien, Slowakei, Ungarn, Norwegen, USA und Kanada. Und das Angebot wächst ständig.

Wer passt zu wem?

Beachten Sie, dass MapSource Topos lediglich auf bestimmte Garmin-Geräte geladen werden können. Eine Liste finden Sie auf der Website von Garmin (www.garmin.de).

MapSend DirectRoute

MapSend ist so etwas wie die „Magellan-Version" der Garmin MapSource-Produkte, und bietet zwar nicht ganz die gleiche Produktauswahl, aber ganz ähnliche Funktionen. Auch hier umfassen die CDs bzw. DVDs die Vektorkarten plus eine Software zur Planung, Bearbeitung, Auswertung und Archivie-

MapSource/MapSend und einfache GPS-Geräte?

MapSource-/MapSend-Karten lassen sich auch in Verbindung mit einfacheren und älteren Garmin- bzw. Magellan-Geräten verwenden, die nicht kartenfähig sind. Dann kann man die Karten zwar nicht direkt auf das Gerät laden, aber man kann sie am Computer nutzen, um seine Route zu planen und diese dann auf das Gerät laden - bzw. umgekehrt Wegpunkte und Tracks aus dem Gerät auf den PC übertragen, auf der Karte darstellen und archivieren.

rung von Touren (Routen, Wegpunkte, Tracks). MapSend **DirectRoute Europe** ist das Pendant zum City-Navigator der MapSource-Reihe. Wie bei Garmin auch deckt sie West- und Mitteleuropa gut ab (mit einigen Lücken u. a. in Spanien und Irland), während die einstigen Ostblockländer noch fehlen (abgesehen von Teilen Tschechiens). Wie das entsprechende Garmin-Produkt ermöglichen sie eine detaillierte Routenplanung am Computer und das Übertragen der geplanten Turn-by-Turn-Route samt dazugehöriger Karte auf geeignete Magellan-Geräte (eXplorist 400, 500, 600 und XL), die dann ebenfalls im Fahrzeug für die Autonavigation eingesetzt werden können. Anders als bei MapSource wird jedoch beim Abweichen von der ursprünglichen Route nicht automatisch eine neue berechnet, sondern man muss dies von Hand eingeben.

Als Variante für nicht-routingfähige Geräte gibt es bei Magellan (analog zum MetroGuide) die **Streets Europe,** die allerdings auch am Computer kein Straßenrouting gestattet, sondern nur Luftlinienrouting.

Freischalten

Viele Vektorkarten müssen für ein bestimmtes Gerät freigeschaltet werden, ehe man sie dafür benutzen kann. Auch am PC können diese Karten ohne Freischaltung z. T. nur eingeschränkt genutzt werden. Achten Sie unbedingt darauf, dass der beigefügte Couponcode (als Kaufnachweis) nicht verloren geht! Man braucht ihn zwingend für die Freischaltung, die dann online rasch und problemlos zu erledigen ist. Außer dem Couponcode müssen Sie die Kennnummer Ihres GPS-Geräts bereithalten oder noch einfacher: Schließen sie es per Datenkabel an Ihren Computer an, dann wird die Kennung direkt vom Gerät abgerufen.

Manche Karten (wie die Topo Schweiz) kann man für zwei Geräte freischalten, bei anderen (z. B. Topo Österreich) muss man eine zusätzliche Lizenz erwerben, wenn man sie auf einem zweiten Gerät benutzen will.

MapSend Topo

Auch in der MapSend-Reihe gibt es bereits eine Auswahl von Vektor-Topos, die auf geeignete GPS-Geräte von Magellan geladen werden können, darunter auch die Topo 3D Deutschland im Maßstab

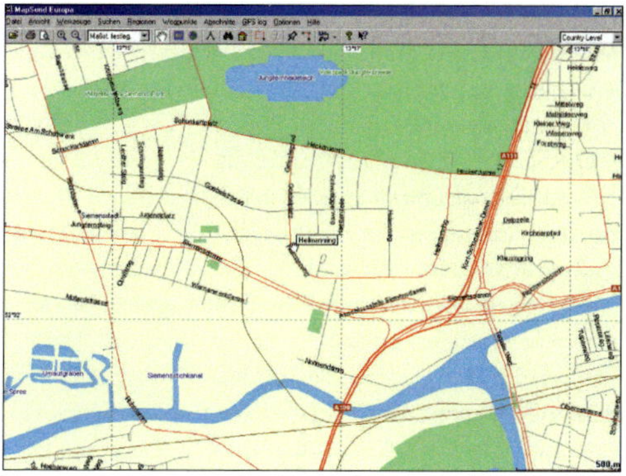

220gp Abb.: rh

MapSend-Karte für Magellan-Geräte

1 : 25.000, Sie basiert ebenfalls auf den Karten der Vermessungsämter und bietet einen ähnlichen Funktionsumfang wie die Garmin-Topos, zusätzlich aber sehr genaue Höhendaten für die 3D-Darstellung am PC und für die Erstellung von Höhenprofilen. Kartenausschnitte zusammen mit geplanten Routen, den Höheninformationen und einer Auswahl von POIs können dann auf Datenkarten geladen und in geeigneten GPS-Geräten verwendet werden. Allerdings nicht direkt: Die ausgewählten Dateien müssen dazu vorher auf der Festplatte gespeichert und anschließend mit der beiliegenden Software überspielt werden. Neben der Deutschland-Topo sind inzwischen auch topografische Vektorkarten von Teilen Frankreichs (z. B. Alpen, Pyrenäen, Bretagne), von Großbritannien, Norwegen und den USA erhältlich – teilweise sogar direkt auf Speicherkarte, die man nur noch ins Gerät zu stecken braucht!

Nicht ohne Papier!
So nützlich und angenehm digitale Topos auf dem GPS-Display auch sein mögen, sie können die gute alte Papierkarte keinesfalls ersetzen! Ohne Papierkarte geht nix! Denn das Display des GPS-Gerätes ist einfach zu klein, um den Überblick einer Papierkarte bieten zu können. Und schließlich könnte das Gerät ja ausfallen – und was dann?!

Tipps für den Kartenkauf

- *Welche Art von Karten brauchen Sie (Basiskarte, Feinkarte, Topo)?*
- *Soll die Karte nur für die Offline-Arbeit genutzt werden oder auch für die Online-Arbeit dienen (GPS-Schnittstelle)?*
- *Wollen Sie Wegpunkte, Routen und Tracks zwischen Karte und GPS-Gerät übertragen?*
- *Sollen Kartenausschnitte direkt auf das Gerät geladen werden (nur Vektorkarten)?*
- *Soll mit dem GPS-Gerät allein navigiert werden oder mit PDA und GPS zusammen?*
- *Kann Ihr GPS-Empfänger die Karten laden bzw. nutzen?*
- *Sollen auch selbst gescannte Karten verwendet werden?*
- *Welche Maßstäbe, Skalierungen, Bezugssysteme und Koordinatensysteme und stehen dem Benutzer zur Verfügung?*
- *Können Ausschnitte problemlos selektiert, gespeichert und ausgedruckt werden?*
- *Kann die Karte individuell bearbeitet werden?*

Andere Hersteller

Auch die anderen Hersteller bieten eine kleine Auswahl von Vektorkarten, die auf ihre Geräte geladen werden können. Allerdings stehen bislang nur Straßenkarten zur Auswahl und keine Topos.

Von Alan gibt es für das Modell Map500 die „MapShow EU500" und für das routingfähige Modell Map600 die „MapShow EU600".

Für den Silva Atlas und geeignete iFinder Modelle werden Straßenkarten von Deutschland und einigen anderen Ländern auf MMC-Speicherkarte angeboten, die man direkt ins Gerät steckt.

Tipps zum Scannen

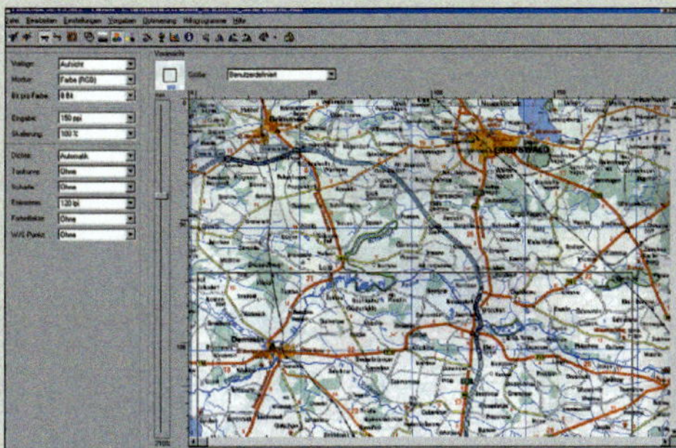

221gp Abb.: kw

222gp Abb.: kw

◀ *Eine gute Scan-Software kann gedruckte Vorlagen entrastern*

▶ *Zum Speichern hat sich das PNG-Format mit 256 Farben bewährt*

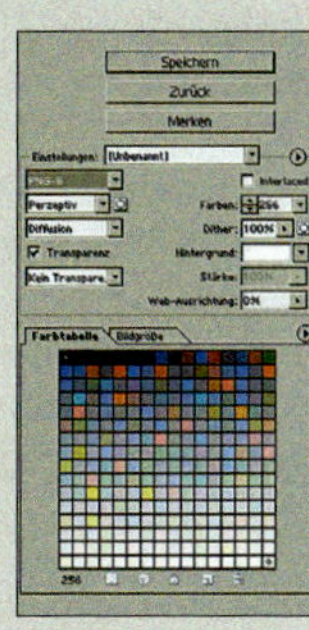

223gp Abb.: kw

- *Um die Dateigrößen der Scans in Grenzen zu halten, empfiehlt sich eine Auflösung von etwa 150 dpi (max. 200 dpi) mit maximal 256 Farben. Damit erhält man ein passables Kartenbild und keine zu großen Dateien.*
- *Wenn es die Scan-Software erlaubt, sollte die Karte beim Scannvorgang „entrastert" werden, um die Entstehung eines störenden, flächigen Musters (Moiré) zu verhindern.*
- *Zum Abspeichern der Karten-Scans hat sich das Dateiformat PNG bewährt. JPEG-Dateien sind zwar recht klein, erfordern aber bei der Nutzung einen sehr großen Arbeitsspeicher.*
- *Die einzelnen Scans im A4-Format können z. B. mit dem Bildbearbeitungsprogramm PanaVue wieder zusammengesetzt werden.*

Karten selbst scannen und kalibrieren

Obwohl das Angebot digitaler Karten auf CD (oder DVD) rasch wächst, gibt es noch immer sehr viele Regionen und Maßstäbe, die nicht abgedeckt sind. Dann bleibt immer noch die Möglichkeit, auf Papierkarten zurückzugreifen und diese mit dem Scanner selbst zu digitalisieren. Dieser Scan liefert zunächst nichts anderes als ein Bild (z. B. als PNG- oder TIF-Datei), doch mit der entsprechenden Software (z. B. Fugawi) können diese Bilder kalibriert (= ↗**georeferenziert**) werden und sind dann für die GPS-Offline Arbeit oder sogar für GPS-Online (Moving Map) verwendbar. Das heißt, man kann dann Wegpunkte oder GPS-Routen per Mausklick erstellen und direkt auf den Empfänger übertragen (nicht aber die Karten selbst!). Damit wird sich der Zeitaufwand für das Scannen rasch wieder amortisieren.

↗**Kalibriert** werden die Scans durch eine Funktion der Software, die es ermöglicht, bestimmten Punkten, deren Koordinaten bekannt sind, diese fest zuzuordnen. Aus diesen Informationen errechnet das Programm dann für alle anderen Bildpunkte die zugehörigen Koordinaten (oft sogar für verschiedene Koordinatensysteme) und kann sie meist auch mit einem Gitter darstellen. Erforderlich sind mindestens 2–3 solcher ↗**Passpunkte.** Manche Programme erlauben es auch, die Scans mit bis zu

Georeferenziert
bedeutet, dass jedem Bildpunkt des Scans ein spezifisches Koordinatenpaar zugewiesen wird, sodass zu jeder Mausposition die Koordinaten angezeigt und gespeichert werden können.

Kalibrieren ohne Gitter
Um Karten ohne Gitter zu kalibrieren, muss man vor Ort mit dem GPS-Geräte die Koordinaten markanter Punkte ermitteln, die auf der Karte klar erkennbar sind und als Passpunkte verwendet werden können.

Passpunkt (Kontrollpunkt)
Punkt mit bekannten Koordinaten, der dazu dient, gescannte Karten zu kalibrieren. Erforderlich sind mindestens drei Passpunkte, die nicht auf einer Linie liegen. Besser sind 4–9 Passpunkte, die möglichst gleichmäßig und weit auseinander über das Kartenbild verteilt liegen. Bei Karten mit Gitter wählt man die Kreuzungspunkte der Gitterlinien.

Scannen lassen

Wem es zu mühsam ist, Karten selbst zu scannen und aus A4-Stücken wieder zusammenzusetzen, der kann dazu den Service kommerzieller Anbieter mit Großformat-Scannern nutzen (z. B. Firma Touratech-QV). Touratech erstellt im Auftrag Scans bis zur Größe DIN A0 und bietet auch einen Kalibrier-Service. Die Kosten betragen ca. 25 € inkl. Versand.

9 Passpunkten zu kalibrieren, wodurch Verzerrungen ausgeglichen und genauere Ergebnisse erzielt werden. Voraussetzung für das Kalibrieren ist die richtige Eingabe von Gitter und Bezugssystem der Karte. Falls man das Bezugssystem nicht herausfinden kann, arbeitet man mit WGS84 und muss dann gegebenenfalls bei der Arbeit mit Wegpunkten die konstante Verschiebung berücksichtigen.

Karten aus dem Internet

Das breiteste Angebot an digitalen Raster- und Vektorkarten aller Art findet man im Internet: kommerzielle Anbieter, die Karten auf CD oder DVD verkaufen (z. B. www.gpsmaps.de), zunehmend aber auch Nutzer-Vereinigungen wie „maps4free" (www.maps4free.de), deren Mitglieder selbst Karten erstellen und kostenlos untereinander austauschen. Es werden Karten sehr unterschiedlicher Art

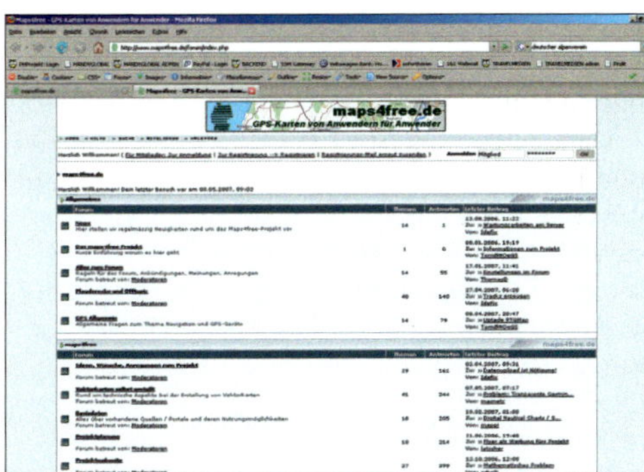

▶ *Im Forum von maps4free können sich die Mitglieder austauschen*

und Qualität zum Download angeboten, darunter auch eine ganze Reihe, die in MapSource und ähnliche Programme eingebunden und auf bestimmte GPS-Geräte geladen werden können.

Eine umfassende Liste mit Links für Karten in aller Welt (auch sehr exotische Ziele) findet man auf der Seite von NOeGS (www.noegs.de.tf) unter „Free Garmin Maps" (große Auswahl, aber nicht alle sind wirklich kostenlos) oder unter den allgemeinen Links („FAQ 1"), darunter auch Links für komplette Routen und Touren aus dem Netz.

▲ *www.noegs.de.tf*

262gp

Touren aus dem Internet

Zunehmend werden auch fertige Touren als Tracks oder Routen im Internet angeboten und ausgetauscht – u. a. von Tourenportalen (s. Kap. „Adressen"), die teils kostenlose, teils kostenpflichtige (dafür aber gut bearbeitete) Touren anbieten; von Fremdenverkehrsämtern, die ausgearbeitete Touren in ihrer Region offerieren; von einschlägigen Zeitschriften oder von Nutzern, die ihre Touren untereinander austauschen. Viele nützliche Links hierzu findet man ebenfalls auf der NOeGS-Seite (www.noegs.de.tf) unter allgemeinen Links („FAQ 1").

Dank weit kleinerer Dateien sind solche Routen und Tracks (im Gegensatz zu den Landkarten) auch mit langsamem Internetzugang rasch herunterzuladen. Sie können dann auf digitalen Karten am Bildschirm dargestellt und z. B. weiter bearbeitet werden, ehe man sie auf das GPS-Gerät überspielt. Auf Kompatibilität ist zu achten, aber meist können die Daten auf Garmin-, Magellan- und Lowrance-Geräte geladen werden.

Software für Karten und GPS

Es gibt eine ganze Flut nützlicher GPS-, Karten-, Routen- und Planungs-Programme für den PC, von denen sich viele aus dem Internet herunterladen lassen – darunter auch eine ganze Reihe von Shareware- und Freeware-Programmen. Der Leistungsumfang ist höchst unterschiedlich: Einfache Programme erlauben nur den reinen Datenaustausch (Up-/Download von Tracks und Wegpunkten) zwischen Computer und GPS-Gerät. Leistungsfähige Programme hingegen ermöglichen es, digitale Karten (von der CD, aus dem Internet oder selbst gescannte) einzubinden, um per GPS aufgezeichnete Routen und Tracks darauf darzustellen bzw. am PC erstellte Routen auf das GPS-Gerät zu laden. Einige Programme bieten zusätzlich eine „Moving-Map-Funktion" (GPS-Schnittstelle), d. h., sie können bei angeschlossenem GPS-Gerät die Position auf der Karte darstellen und eignen sich daher sogar für die Online-Routennavigation.

Updates
Da all diese Programme stetig weiterentwickelt werden, lohnt es sich, öfters nachzusehen, ob ein Update verfügbar ist.

Der Übersichtlichkeit halber sind die Programme in Kategorien unterteilt, wobei jedoch zu beachten ist, dass die Kategorieübergänge fließend sind:

- Betrachter-Software
- Wegpunkt-Software
- Karten-Software
- Software für Planung und Navigation

Betrachter-Software

Die Darstellung der Karte auf dem PC-/Notebook-Bildschirm erfordert eine Betrachter-Software. Die muss man nicht extra kaufen, da sie auf den Karten-CDs mitgeliefert wird. Allerdings gibt es eine Vielzahl unterschiedlicher Formate und manche digitalen Karten sind nur mit einer darauf spezialisierten Software zu lesen. Aufwendigere Programme wie

z. B. Fugawi und Touratech QV können digitale Karten unterschiedlicher (aber nicht aller!) Formate nutzen. Beachten Sie außerdem, dass die mitgelieferte Betrachter-Software je nach Hersteller sehr unterschiedliche Möglichkeiten bieten kann: von der bloßen Darstellung der Karte über verschiedenste Bearbeitungs-Funktionen und Funktionen zur Arbeit mit Wegpunkten und Tracks bis hin zur straßengebundenen Routenplanung und Navigation.

Wegpunkt-Software

Mit diesen einfachen Programmen kann man Daten zwischen GPS-Gerät und PC austauschen und auf der Festplatte archivieren. Vorteilhaft sind sie vor allem für die Übertragung von Wegpunkten, Tracks und GPS-Routen (als Reihe von Wegpunkten, nicht zu verwechseln mit Straßenrouten!). Die meisten erlauben es auch, Wegpunkte und Routen sehr komfortabel per Mausklick am PC zu erzeugen und dann auf das GPS-Gerät zu übertragen – und einige können sogar selbstgescannte Karten kalibrieren (s. S. 241 ff.). Hier einige Beispiele:

Waypoint+

225gp Abb.: rh

(nur für Garmin-Geräte)

Einfaches Freeware-Programm (ab Win95 oder NT) zum Übertragen von Wegpunkten, Routen und Tracks zwischen Computer und GPS-Gerät, das sich fast schon zum Standard entwickelt hat. Es unterstützt geografische Koordinaten, aber keine Gitter. Neben der Darstellung auf einer Blanko-Karte ermöglichen neuere Versionen aber auch die Zusammenarbeit mit Street-Atlas Karten (SA3 und SA4).

- www.tapr.org/~kh2z/Waypoint (Englisch)

263gp

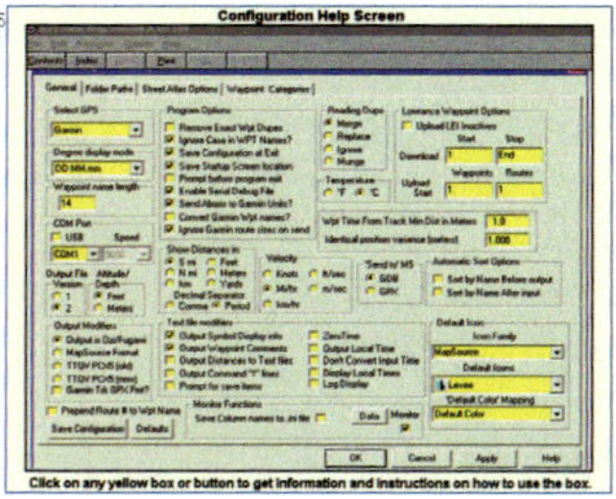

G7ToWin

Dieses Freeware-Programm für Garmin-, und einige Magellan- und Lowrance-/Eagle-Geräte ist die Windows-Version (ab Windows 98) des DOS-Programms G7To. Es ähnelt Waypoint+, unterstützt aber Garmin-Symbole sowie zahlreiche andere Symbole und bietet einige zusätzliche Funktionen wie beispielsweise UTM-Koordinaten, eine sehr übersichtliche Darstellung und die Umwandlung von Tracks in Routen. Außerdem erlaubt es die Speicherung der Daten in unterschiedlichen Formaten, sodass sie von anderen Programmen (wie Fugawi, MapSource etc.) genutzt werden können.

- www.gpsinformation.org/ronh

Auf Gitter und Bezugssystem achten!

Auch beim Übertragen von Wegpunkten, Routen und Tracks zwischen GPS-Gerät und digitaler Karte ist darauf zu achten, dass beide das gleiche Gitter und Bezugssystem verwenden. Viele digitale Karten können zwischen verschiedenen Systemen umrechnen, sodass man die Anpassung auch bei der Karte statt beim GPS-Gerät vornehmen kann. Nach Möglichkeit stets UTM-Gitter und WGS84 auswählen.

EasyGPS

Kostenloses und ebenfalls sehr übersichtliches Programm, das den Datentransfer mit den meisten Garmin-, Magellan- und Lowrance-Modellen erlaubt und verschiedene Formate unterstützt. Es bietet eine gute Wegpunktverwaltung, Suchfunktionen, komfortables Zoomen und Verschieben und ist vor allem bei Geocachern beliebt. Die Koordinaten der jeweiligen „Verstecke" können damit direkt von den Geocaching-Websites heruntergeladen werden.

- www.easygps.com

227gp Abb.: rh

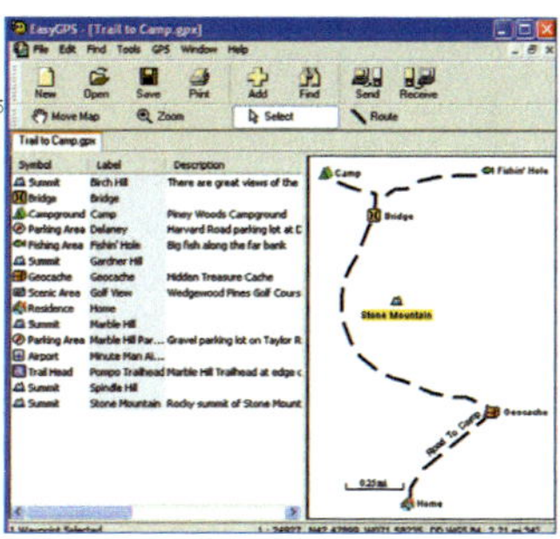

Karten-Software

Die Software dieser Kategorie, in der ebenfalls viele Free- und Shareware-Programme zu finden sind, erlaubt nicht nur die Übertragung von Wegpunkten zwischen GPS-Gerät und PC, sondern auch deren Darstellung auf einer Landkarte. Umgekehrt lassen sich Wegpunkte und Routen per Mausklick auf der Karte erzeugen und auf das GPS-Gerät laden. Allerdings können sie nur bestimmte Kartenformate nutzen (z. B. keine Top50) und bieten natürlich nicht den Funktionsumfang wie eine Planungs-/Navigations-Software (s. u.). Oft gestatten sie das Kalibrieren (s. S. 241 f.) selbstgescannter Karten – allerdings nicht so exakt und komfortabel wie bei den Planungs-Programmen.

GarTrip

(für Garmin- und Magellan-Geräte)

Sehr umfassendes und leistungsstarkes Shareware-Programm (ca. 3 MB) in deutscher oder englischer Sprache für Win95 oder höher (nicht WinCE), das mit allen Eigenschaften (lediglich reduziertem Volumen von Weg- und Trackpunkten) unbegrenzt getestet werden kann. Die Registrierung für die Vollversion kostet 30 € netto. Neben Wegpunkt-Eingabe und Datenübertragung vom und zum GPS-Gerät (UTM-, GK- und andere Gitter werden unterstützt) ermöglicht es die Einbindung gescannter Karten, die Bearbeitung, Analyse (z. B. Höhenprofile) und Archivierung von Routen und Tracks sowie den Im- und Export von Daten zu Waypoint+, OziExplorer, Fugawi und anderen Programmen. Wegpunkte, Routen, Tracks und Koordinatengitter

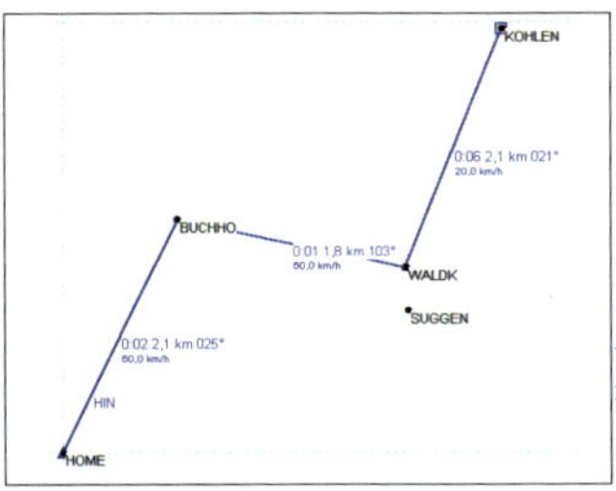

228gp Abb.: rh

können maßstabsgerecht ausgedruckt werden. Die neueste Version unterstützt auch KML-Daten (Google Earth), Track-Play (Abspielen des Tracks) und Track Trimming (Ausgleich von Ungenauigkeiten durch schlechten Satellitenempfang.

- www.gartrip.de

Tipp

Druckt oder kopiert man die Routen oder Tracks mit Koordinatengitter auf eine Folie, kann man sie direkt über die Papierkarte legen oder aufkleben.

229gp Abb.: rh

GPSTrackMaker

(für fast alle Garmin-, Magellan-, Lowrance-/Eagle-Geräte)

Als Freeware-Version (ca. 5 MB) für Win95 oder höher aus dem Netz ladbar. Das Programm (auch mit deutscher Benutzeroberfläche erhältlich) unterstützt gescannte Karten (Kalibrierung mit nur zwei Punkten, also nicht sehr genau), Moving Map und Autoload von Karten und ist daher sogar für die Fahrzeug-Navigation brauchbar. Es importiert die Formate PCX5, Waypoint+, MapInfo, ArcInfo und ArcView. GPS-Daten können auch ohne Karte auf dem Bildschirm dargestellt und bearbeitet werden. Außerdem kann man sie mit Symbolen (Icons) für Wegpunkte versehen. Der GPSTrackMaker hat eine gute Zoomfunktion und berechnet Entfernungen und Durchschnittsgeschwindigkeit. An Analyse-Funktionen bietet er u. a. Höhenprofile, Geschwindigkeits-Log und Track-Replay.

Im Gegensatz zu vielen anderen GPS-Softwareprodukten kann der TrackMaker auch Landkarten im Vektorformat lesen, darunter die Formate zahlreicher Karten, die kostenlos aus dem Internet geladen werden können (eine gute Auswahl wird direkt auf der GPSTM-Site angeboten).

- www.gpstm.com

GPS Utility

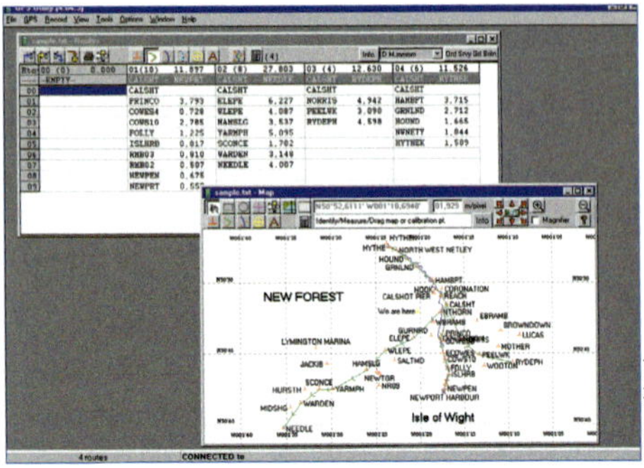

230gp Abb.: rh

(für Garmin- und Magellan-Geräte)

Englische Software als Free- oder Shareware-Version (Registrierungsgebühr 46 €) für Windows, die man kostenlos herunterladen kann (ca. 1,5 MB). Ohne Registrierung stehen nur eine begrenzte Zahl von Weg- und Trackpunkten und 5 Routen zur Verfügung. Das Programm ermöglicht z. B. den Import/Export von MS Auto Route Express, Google Earth, TomTom und zahlreichen anderen Daten sowie die Darstellung von Wegpunkten, Tracks etc. auf gescannten, kalibrierten Karten im Bitmap-Format. Es kann zwischen zahlreichen Gittern und Bezugssystemen umrechnen und bietet die Möglichkeit, eine Fülle verschiedener Infos nach Bedarf zu filtern, zu sortieren, zu analysieren und zu archivieren. Bei der Vollversion werden auch weitere Grafikformate, Höhenfunktionen, POIs von Magellan etc. unterstützt.

Auf der gleichen Seite findet man einige weitere hilfreiche Programme – etwa zum Konvertieren von Daten unterschiedlicher Formate.

- www.gpsu.co.uk

GPSy und MacGPS Pro

Zwei Programme für Macintosh-Nutzer, die mit vielen gebräuchlichen GPS-Programmen und Kartenformaten kompatibel sind.

- www.gpsy.com
- www.macgpspro.com

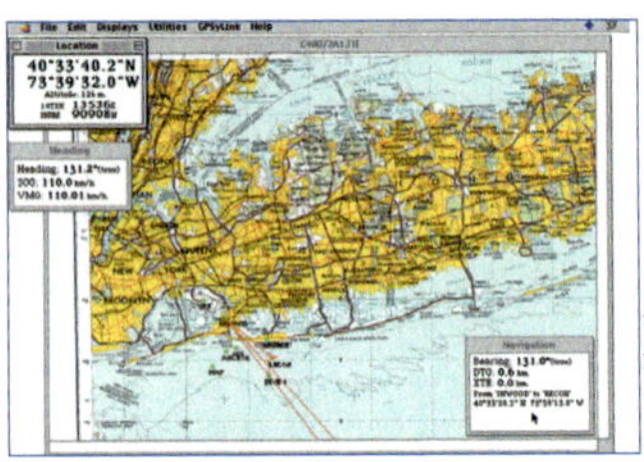

231gp Abb.: rh

Software für Planung und Navigation

Diese auch kurz als **Navigations-Software** bezeichneten Programme bieten wesentlich umfassendere Möglichkeiten als die bisher genannten und eignen sich sogar für die Moving Map Online-Navigation, z. B. wenn man das GPS-Gerät unterwegs in Verbindung mit dem Notebook nutzt. Im GPS-Offline Betrieb können damit Wegpunkte und Routen bequem per Mausklick erzeugt und dann in das GPS-Gerät übertragen werden – nicht jedoch die Karten selbst! Mit keinem der Programme ist es möglich, Karten von CDs auf ein GPS-Gerät zu überspielen. Auf GPS-Geräte können nur bestimm-

232gp Abb.: rh

Selbst einige der mobilen Geräte können unterwegs im Fahrzeug zur vollwertigen Turn-by-turn Straßen-Navigation verwendet werden

te Vektorkarten geladen werden, die von den Herstellern der jeweiligen Geräte angeboten werden (s. Kap. „Beispiele auf GPS-Geräte ladbarer Vektorkarten" S. 232ff.).

Aktuelle Versionen dieser Programme (Fugawi ab 06/01, Touratech-QV ab 07/01) können zwar verschiedene Vektorkarten (z. B. von Routenplanern oder Navigations-CDs) öffnen und nutzen – jedoch ebenfalls nicht auf das GPS-Gerät übertragen. Ebenso können diese Programme die speziell zum Aufladen auf GPS-Geräte entwickelten Karten bislang in der Regel nicht öffnen. Ausnahme und Vorreiter ist hier Touratech QV4.0, das als Erstes auch Garmin MapSource-Karten öffnen kann.

Außerdem ermöglicht diese Software die Bearbeitung verschiedener (auch selbst eingescannter) Karten. Damit können Sie jede Papierkarte für die GPS-Nutzung am PC verfügbar machen, indem Sie die Karten scannen und kalibrieren (siehe S. 241f.). So erhalten Sie eine umfassende elektronische Kartenbibliothek, die Sie mit dem Moving Map Navigationssystem nutzen können. **Vorteile** sind z. B.*

- Bearbeitung aller Karten, die als Rasterdaten, z. B. Scans oder aus anderen Quellen vorliegen.
- Verzerrungen durch das Einscannen, Papierverzug etc. werden automatisch korrigiert.
- Bequemes und sehr präzises Ablesen der Koordinaten.
- Automatisches Laden einzelner Karten entsprechend der aktuellen Position. So navigieren Sie selbst bei vielen Einzelkarten oder unterschiedlichen Maßstäben quasi „nahtlos".
- Alle üblichen Kartenprojektionen für Land- und Seekarten und viele „Exoten" werden unterstützt.
- Koordinaten vom GPS-Gerät werden entsprechend der Karte automatisch umgerechnet.
- Ausdruck von Routen, Wegpunkten und Kursaufzeichnungen.

** Da die Programme nicht identisch sind, bietet nicht jedes alle hier genannten Leistungen*

- Über 100 Kartenbezugssysteme stehen zur Verfügung.
- UTM-, GK-, Schweizer u. v. a. Gitter und Projektionen werden unterstützt.
- Aktuelle Position und Streckenaufzeichnung werden am Bildschirm angezeigt.
- Umfangreiche Navigationsfunktionen: Entfernung, Kurs, Peilung, Geschwindigkeit etc.
- Routen und Wegpunkte lassen sich per Mausklick am PC erzeugen und auf Garmin, Magellan oder Eagle GPS-Empfänger übertragen.
- Wegpunkte und Tracks lassen sich vom GPS-Gerät zum Speichern und Bearbeiten auf den PC überspielen.
- Per Mausklick lässt sich ein Geografisches Informationssystem (GIS) erzeugen.

Fugawi

Ein leistungsstarkes Programm für Windows mit deutscher Benutzeroberfläche und deutschsprachiger Homepage des Importeurs. Selbstgescannte oder aus dem Internet geladene Karten können mit drei Punkten (ab Version 3 auch mit mehr Punkten – also genauer) kalibriert werden, sodass man bequem per Mausklick Wegpunkte und Routen erzeu-

233gp Abb.: rh

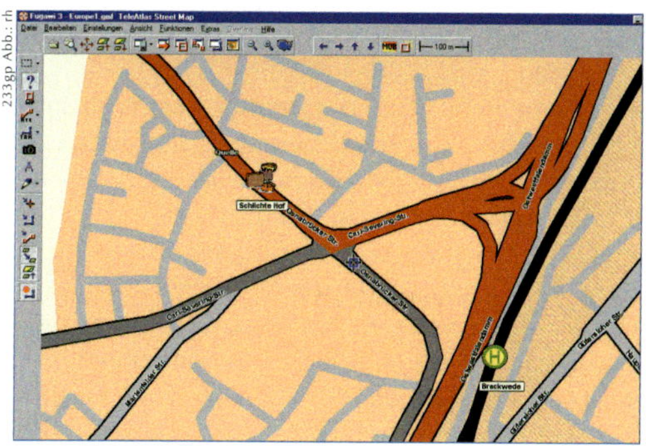

gen kann, die sich auf das GPS-Gerät überspielen lassen. UTM-, GK- und zahlreiche andere Gitter und Bezugsysteme werden unterstützt. Außerdem können mit dem Programm digitalisierte Kartenbilder auf jedes Palm-Gerät (ab O/S 3.5) übertragen werden (die erforderliche Software ist bereits integriert). Für den Outdoor-Einsatz besonders interessant ist die Möglichkeit, zahlreiche verschiedene Topos zu laden – allerdings bislang keine MapSource-Karten.

Die Versionen ab 3.0 umfassen u. a. eine umfangreiche weltweite Ortsdatenbank und Höhendaten von Europa auf einer beigefügten DVD. Ab Version 3.0.2 werden digitale Höhenmodelle im DTED-Format unterstützt, d. h., man kann zusätzliche Höhendaten importieren und zu jeder Position auf einer Karte die Höhe anzeigen lassen bzw. zu allen Routen und Tracks ein Höhenprofil erstellen. Außerdem lassen sich die Karten eindrucksvoll in 3D-Ansicht darstellen und man kann sogar einen Flug über die 3D-Landschaft simulieren.

In Verbindung mit einem Notebook ist auch Moving Map-Navigation möglich (Online-Darstellung der Position auf der Karte), jedoch keine Routing.

Das Programm kostet ca. 150 €, einschließlich einer weltweiten Ortsdatenbank auf CD und der Teleatlas-CD Europa (Hauptverbindungsstrecken). Eine zeitlich begrenzte und funktionell eingeschränkte Demo-Version kann man von der deutschen Website herunterladen (ca. 5,2 MB). Dort werden auch die Programmfunktionen dargestellt und man erhält eine animierte Einführung.

Das Programm kann ab Version 3.0.2 neben verschiedenen Rasterformaten (z. B. BSB, ChartTIFF, USGS) auch Vektorkarten lesen (kostenloser Download des Updates für Nutzer der Version 3.0 von der deutschen Website).

- www.fugawi.de
- www.fugawi.com

Touratech QV

(früher „QuoVadis"; für Garmin, Magellan, Lowrance/Eagle)

Dieses deutsche Planungs- und Navigationsprogramm (ab Win95/98/NT) ist meines Erachtens das derzeit vielseitigste, leistungsstärkste und zudem benutzerfreundlichste überhaupt. Dazu gehören eine übersichtlich strukturierte Oberfläche, ein gut gemachtes Handbuch und sogar ein eigenes Support-Forum. TTQV bietet ähnliche Grundfunktionen wie Fugawi und OziExplorer – plus einiges mehr.

Eine besondere Stärke ist der „X-Plorer" (ähnlich dem Windows-Explorer), der eine sehr bequeme und leistungsstarke Verwaltung von Karten, Wegpunkten, Routen, Tracks etc. erlaubt. Darin können Sie mit verschiedenen Ordnern und Unterordnern arbeiten, die Ordner umbenennen, kopieren und verschieben – fast wie man es von Windows her gewohnt ist.

Unterstützt werden eine Vielzahl unterschiedlicher Kartenformate, darunter praktisch alle gängigen Topo- und Wanderkarten im Raster- oder Vektor-Format wie Top50, Swiss, Austrian etc. und in der neuesten Version (4.0) sogar die MapSopurce-Karten für Garmin-Geräte. Mit TTQV können Karten u. a. von folgenden Programmen importiert bzw. dorthin exportiert werden: Top50 (ASCII-Overlay), Alpenverein, Kompass Digital-Map, Fugawi, OziExplorer, Garmin, Marco Polo. So können die verschiedensten Karten in einem Archiv verwaltet und mit anderen Nutzern und Programmen ausgetauscht werden. Wie bei Fugawi sind 3D-Darstellung und Flugsimulation möglich. Um Kartenausschnitte aus TTQV auf einen Palm oder Pocket-PC zu übertragen und für die GPS-Navigation zu nutzen, ist allerdings ein zusätzliches Programm (Pathaway, ca. 50 €) erforderlich.

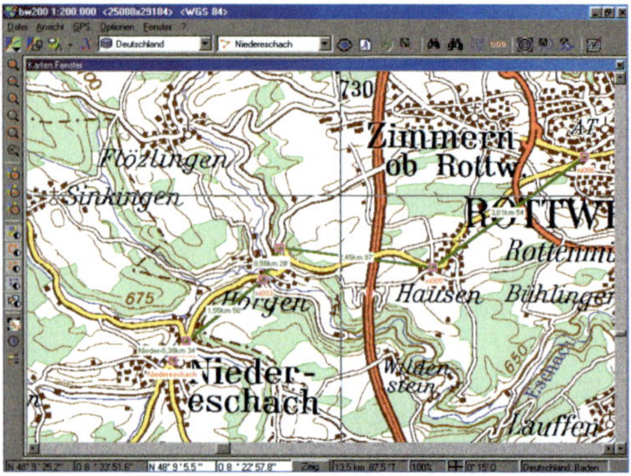

Die Kalibrierung gescannter Karten ist mit bis zu 9 Punkten möglich, recht einfach durchzuführen und entsprechend präzise. Unterstützt werden eine Vielzahl von Gittern und Bezugssystemen. Das Programm bietet eine sehr gute und komfortable Moving Map Funktion. Für die Online-Darstellung und Datenübertragung muss das Übertragungsprotokoll im Interface-Menü von Garmin GPS-Geräten nicht geändert werden. Mit den entsprechenden Straßenkarten ist sogar Straßenrouting bis zur Hausnummer und komfortable Turn-by-Turn-Autonavigation möglich. Ein Verzeichnis lieferbarer Karten findet man auf der Website.

Weiterhin gibt es ein sehr breites Spektrum an Möglichkeiten für die Track-Auswertung am PC: von Höhenprofil und Geschwindigkeits-Log bis zum Replay ist alles möglich. Tracks können beispielsweise in verschiedenen Farben dargestellt werden, die unterschiedliche Geschwindigkeiten repräsentieren. Man kann darin eigene Zusatzinfos (Texte, Adressen, Fotos etc.) einfügen und natürlich lassen sie sich beliebig archivieren und später wieder abrufen. Außerdem lassen sie sich mit dem

„Track-Prozessor" bearbeiten und glätten, um überflüssige Punkte zu löschen, Lücken zu schließen und Ungenauigkeiten durch schlechten Satellitenempfang zu korrigieren.

Eine Zusatzfunktion „übersetzt" kyrillische Namen in unser Alphabet (sehr hilfreich, wenn man die präzisen russischen Generalstabskarten verwendet, die es – z. B. bei Därr – von der ganzen Welt gibt); eine andere ermöglicht die Umrechnung von Koordinaten.

Mit dem zusätzlichen Roadbook-Editor kann man Routen sehr komfortabel in ein Roadbook mit Kartenausschnitten umwandeln und dann ausdrucken oder archivieren.

Die Standardversion mit Ortsdatenbank (ganze Welt, über 5 Mio. Einträge) und einfachen Übersichtskarten aller Länder und Kontinente kostet ca. 150 €. Eine Light-Version ohne Ortsdatenbanken kann man für ca. 100 € aus dem Internet laden. Ebenfalls ist eine 25 Tage voll funktionsfähige Demoversion (inkl. Roadbook-Editor) herunterladbar.

- www.ttqv.com

OziExplorer

(für Garmin, Magellan, Lowrance/Eagle)

Australisches Shareware-Programm (ca. 85 US$) in englischer Sprache, das ab Win95/98/NT läuft und aus dem Internet geladen werden kann. Es ist ähnlich wie Fugawi bzw. TTQV aufgebaut und kann ebenfalls gescannte Karten oder Karten auf CD lesen. Die Kalibrierung mit bis zu 9 Punkten schafft hohe Genauigkeit. Weiterhin bietet das Programm eine Moving Map Funktion und den Import von CD-Karten im BSB-Format, USGS-Maps (USA-Karten), MapTech RML und PCX-Charts. Die meisten üblichen Topo-Formate hingegen kann es leider nicht öffnen. Für die 3D-Darstellung und die Übertragung von Karten zur GPS-Navigation per PDA ist

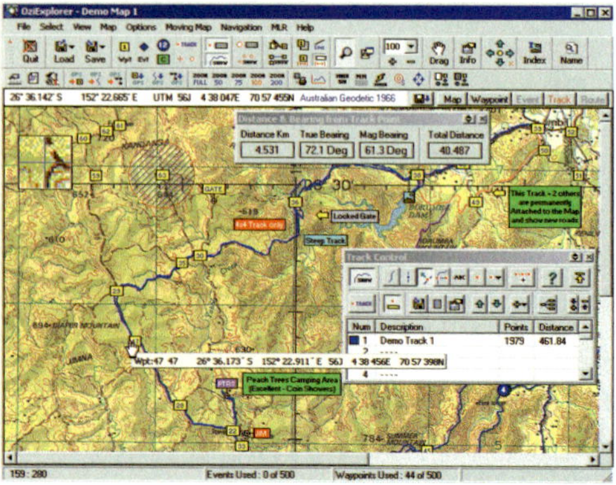

235gp Abb.: rh

jeweils noch eine Zusatzsoftware (je ca. 30 US$) erforderlich.

Sehr gut sind die Track-Funktionen, mit denen man z. B. auch auf gescannten Landkarten das Wege-/Straßennetz etc. nachbilden lässt, sodass man eine individuelle Basiskarte erhält, die man dann auch auf das GPS-Gerät übertragen kann!

- www.oziexplorer.com

Selbst gemachte Kartenskizzen

Planungsprogramme wie TTQV, Fugawi und OziExplorer (sowie in begrenzterem Maß auch einfachere Programme) bieten die Möglichkeit, einfache Kartenskizzen selbst herzustellen, indem man Pfade, Gewässer etc. als Tracklinie markiert und Hütten, Brücken, Furten, Gipfel, Pässe etc. als Wegpunkte einfügt. Diese Kartenskizze kann man dann sogar auf einfachere GPS-Geräte laden, die nicht kartenfähig sind, um unterwegs damit zu navigieren.

Mit TTQV kann man sogar recht einfach selbst Karten erzeugen, die sich auf Garmin-Geräte laden lassen!

GPS und PDA

Der PDA (**P**ersonal **D**igital **A**ssistant; Palm oder Pocket-PC) hat gegenüber dem GPS-Empfänger einen entscheidenden Vorteil: Man kann darauf beliebige Rasterkarten laden und unterwegs für die Navigation nutzen. Und schließt man ihn unterwegs an einen GPS-Empfänger an, so zeigt er auf dem Farbbildschirm (der zudem größer ist als der eines GPS-Geräts) stets die aktuelle Position und zentriert die Karte darauf (Moving Map). Ebenso kann der zurückgelegte Weg als Tracklinie dargestellt werden. Die dafür erforderliche Software ist bei Fugawi bereits im Lieferumfang enthalten; bei TTQV und OziExplorer muss sie zusätzlich gekauft werden. Das verwendete GPS-Gerät muss eine **NMEA-Schnittstelle** besitzen (das bieten fast alle neueren Geräte) sowie einen **seriellen Anschluss** (eTrex LegendC und VistaC bieten nur einen USB-Anschluss) und wird **über ein spezielles Kabel mit dem PDA verbunden,** um damit zu navigieren. Es bietet dann alle Navigationsmöglichkeiten, die man vom GPS-Gerät her gewohnt ist, plus Kartendarstellung und Moving Map Navigation. Mit entsprechender Software Pathaway oder OziExplorer CE ist für die An- und Abreise im Fahrzeug sogar Turn-by-Turn-Straßennavigation möglich.

Komfortabler als die Kombination PDA und GPS-Handgerät (und ohne den Kabelsalat) sind Geräte wie **Garmin iQue** oder der **Magellan GPS-Companion,** ein extrem flacher GPS-Empfänger ohne Display und Tastatur, auf den der PDA direkt aufgeklippt wird, sodass beide praktisch eine Einheit bilden. Diese Kombination ist so kompakt und leicht, dass man sie auch in der Hemdtasche tragen kann. Allerdings hat selbst diese Kombination gegenüber dem GPS-Gerät eine Reihe entscheidender Nachteile: Sie kann nicht mit einer Hand bedient werden,

sondern erfordert einen extra Stift, der PDA ist weit empfindlicher (stets in einer Schutztasche verwenden) und er braucht erheblich mehr Strom, sodass er im reinen Outdoorbereich nur für Tagestouren in Frage kommt. Mit der Kombination Handgerät und PDA kann man zwar das Handgerät für die Navigation einsetzen und den PDA nur für die Routenplanung unterwegs (mehr Flexibilität bei überraschenden Änderungen) und als Backup zum Speichern von Tracks und Routen – dennoch bleibt auch diese Lösung wegen der Empfindlichkeit des PDA in meinen Augen eher eine Ausnahme für Sonderfälle.

033gp Abb.: rh

Adressen

GPS-Systeme

NAVSTAR

- **http://tycho.usno.navy.mil/gps.html** (Infos zur aktuellen GPS-Konstellation, Übersicht der Satellitendaten)

EGNOS

- **www.esa.int/EGNOS**
- **http://esamultimedia.esa.inl/docs/cgtios/estb/egn()s_pro.htm** (Infos rund ums europäische Korrektursignal EGNOS. Gute FAQ-Liste!)

Galileo

- **www.esa.int/esaNA/galileo.html** (umfassende Infos über das europäischen Satellitennavigationssystem Galileo)
- **http://ec.europa.eu/dgs/energy_transport/galileo/index_en.htm**
- **http://www.galileoju.com/**

GLONASS

- **www.glonass-ianc.rsa.ru** (auch auf Englisch)

GPS-Geräte

Alan

- **Alan Electronics,** Dovenkamp 11, 22952 Lütjensee, Tel. 04154 849-0, Fax 04154 849-148, E-Mail: info@alan-electronics.de, www.alan-germany.de

Garmin

- **GPS GmbH,** Lochhamer Schlag 5a, 82166 Gräfelfing, Tel. 089 858364-0, Fax 089 858364-44, E-Mail: info@gps-nav.de, www.garmin.de, www.garmin.com

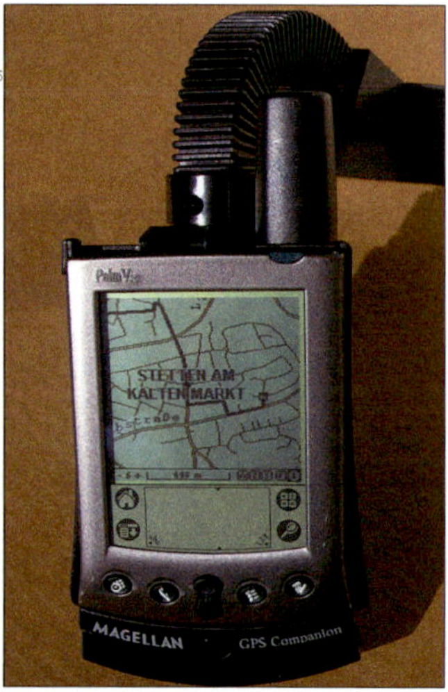

034gp Abb.: rh

◀ *Die Kombination aus einem GPS-Empfänger ohne Display und Tastatur, wie z. B. der Magellan GPS Companion, und einem PDA ist vielseitig einsetzbar, mit der speziellen Halterung auch im Fahrzeug.*

Lowrance

- **Becker Technik,** Werkstr. 8, 22880 Wedel, Tel. 04103 84074, Fax 04103 15089, E-Mail: info@beckertechnik.de, www.beckertechnik.de
- **Thinkbig,** Tel. 0231 4462651, Fax 0231 4442586, E-Mail: info@thinkbig-online.de, www.thinkbig-online.de
- www.lowrance.com

Magellan

- Tel. 0800 62435526 = 00800 MAGELLAN (kostenlose Nummer), www.magellangps.com

Silva

- **Silva Deutschland GmbH,** Postfach 1520, 61366 Friedrichsdorf, Tel. 06172 454480, Fax 06172 454482, E-Mail: info@silva-outdoor.de, www.silva-outdoor.de, www.silva.se

Zubehör

- **www.gpskabel.de** (Datenkabel, auch für Verbindung mit PDAs)
- **www.gpstools.de**
- **www.gps-shop.com**
- **www.touratech.de** (viele Geräte, umfassendes und hochwertiges Zubehör, Software, Karten)

Digitale Vektorkarten und Navigations-Software

GPS GmbH

s. o. „Geräte: Garmin" (u. a. alle MapSource-Karten, komplette Topos Nordamerika, Fugawi-Software)

Magellan MapSend

s. o. „Geräte Magellan"

Wenninger Geodatenzentrum AG

- Schatzbogen 39, 81829 München, Tel. 089 427422-0, Fax 089 427422-25, E-Mail: hw@wenninger.de, www.wenninger.de (u. a. RoadScout2000, TopTours)

Touratech

- Auf dem Zimmermann 7-9, 78078 Niedereschach, Tel. 07728 9279-0, Fax 07728 9297-29, E-Mail: info@touratech.de, www.ttqv.de (TTQV-Software und große Auswahl digitaler Karten auf CD)

Woick TravelCenter

- Plieninger Straße 21, 70794 Filderstadt-Bernhausen, Tel. 0711 7096700, Fax 0711 7096770, www.woick.de (Outdoor-Ausrüster, im Versand u. a. GPS-Geräte, Zubehör und Landkarten)

Topzone

- **www.topzone.com** (topographische Karten der USA zum Anschauen oder Herunterladen)

Weitere Quellen

- **www.ourfootprints.de** (kostenlose Island-Karten; mit MapSource kompatibel, Links)
- **http://gwprojects.orcon.net.nz/gps/GPS.htm** (MapSource-kompatible Karten von Neuseeland, Anleitung zur Anfertigung von Vektorkarten für Garmin-Geräte)
- **www.maps4free.de** (Forum rund um kostenlose Garmin-Karten)
- **http://noegs.de.tf** (Liste mit kostenlosen Garmin-Karten)

Topografische Karten auf CD

- **TK 25–100:** Landesvermessungsämter (s. u.) und GPS GmbH (s. o.)
- **TK 200:** Bundesamt für Kartografie und Geodäsie (s. u.)

Arbeitsgemeinschaft der Vermessungsverwaltungen

- **www.adv-online.de,** Links zu jeweiligen Landesvermessungsämtern („Organisation-Mitglieder")

GeoLife.de

- **www.geolife.de,** über 700 Wander-, Rad- und Kanutouren in Niedersachsen als Top50-Overlay zum kostenlosen Download sowie Touren in anderen Bundesländern unter www.geonauten.de

MagicMaps

- **www.magicmaps.de,** Tel. 07127 970160

Topografische Karten Österreich, Austrian Map Fly (AMAP Fly)

- **Österreichisches Bundesamt für Eich- und Vermessungswesen,** Tel. 0043 (0) 140146-386, www.bev.gv.at

Schweizer topografische Karten, Swiss Map

- **Schweizerisches Bundesamt f. Landestopografie,** Tel. 0041 (0) 3196322-0, www.swisstopo.ch

Topografische Karten Frankreich

- **www.ign.fr,** exzellente Site in deutscher Sprache, zunehmend auch auf Garmin-Geräte ladbare Vektortopos
- **www.bayo.com,** französischsprachige Site für digitale „Carto Exploreur 3"-Karten

Topografische Karten Großbritannien (Memory-Maps)

- **www.memory-map.co.uk,** Rasterkarten für PC und PDAs in den Maßstäben 1 : 50.000 und 1 : 25.000 inkl. Planungssoftware mit 3D-Darstellung. Kompatibel u. a. mit Garmin, Magellan, Lowrance und teilweise mit TTQV.

Schwedische Gröna-, Bla- und Röda-Karten

- **www.soltek.se,** topografische Karten auf CD im Maßstab 1 : 50.000,1 : 100.000 und 1 : 250.000

Alpenvereinskarten

- **www.alpenverein.de,** Tel. 089 140030

Kompass-Karten

- **www.kompass.at,** Tel. 0043 (0) 512265561-0, GPS-taugliche Karten mit Angabe von Kartengitter und Bezugssystem
- **http://club.kompass.at,** Club-Site mit Forum, FAQs, Tourenarchiv

Kartenzubehör

- **www.maptools.com** (Planzeiger und Netzteiler, u. a. auch zum kostenlosen Download als pdf-Datei)

Scanservice

- **Touratech,** Tel. 07728 9279-0, www.ttqv.de (Scans bis 100 cm Breite; Kalibrierung möglich; Preise ab ca. 25 € inkl. Versand)
- **Därr,** Tel. 089 282032/33, www.daerr.de (Preise ab 17 € – nur Scan; Kalibrier-Service)

Vermessungsämter

- **Bundesamt für Kartografie und Geodäsie,** Richard-Strauß-Allee 11, 60598 Frankfurt a. M., Tel. 069 6333-1, Fax 069 6333-235, E-Mail: mailbox@bkg.bund.de, www.ifag.de
- **Arbeitsgemeinschaft der Vermessungsverwaltungen der Länder der Bundesrepublik Deutschland (AdV),** Podbielskistraße 331, 30659 Hannover, Tel. 0511 64609-110, Fax 0511 64609-116, www.adv-online.de, E-Mail: GeschaeftsstelleDerAdV@lgn.niedersachsen.de

GPS-Software

GPS-Planungs- und Navigationssoftware

Fugawi

- GPS GmbH, Tel. 089 8583640, www.fugawi.de, www.fugawi.com (Infos, FAQs, Demoversion zum Download)

OziExplorer

- **www.oziexplorer.com** (Demoversionen mit eingeschränktem Funktionsumfang)
- **www.fermoll.de** (Tipps zu OziExplorer/CK)

TouratechQV

- **Touratech,** Tel. 07728 9279–0, www.ttqv.de, Vollversion-Download (25 Tage nutzbar), Forum

GPS-Wegpunktsoftware

- **Waypoint+,** www.tapr.org/~kh2z/Waypoint/ (Das einstige Standardprogramm für den Datenaustausch mit Garmin-Geräten ist mit neueren Geräten nicht immer kompatibel.)
- **G7ToWin,** www.gpsinformation.org/ronh/g7towin.htm
- **EasyGPS,** www.easygps.com

GPS-Kartensoftware

- **GARtrip,** www.gartrip.de (Shareware, 30 €, Demoversion, Wegpunkt- und Routensammlung)
- **GPSTrackMaker,** www.gpstm.com (sehr vielseitige Freeware)
- **GPSUtility,** www.gpsu.co.uk (einfache englische Shareware – 5 US$ – für Garmin- und Magellan-Modelle)
- **ExpertGPS,** www.expertgps.com (Shareware für Garmin-, Magellan- und Lowrance-Geräte)

Programme für den Datenaustausch mit Top50/AMAP

Programme für Garmin-Geräte

- **GPSTrans,** www.fugawi.de
- **Garfile,** www.icsinger.de
- **NavTrax,** www.eads.net

Konvertierungsprogramme Top50

- **GM2TOP,** http://ker7.endorf.com/gps (Freeware, die zusammen mit „GPSTrackMaker", s. o., Datenkonvertierung und somit -austausch mit Garmin-, Magellan-, Lowrance- und Silva-Modellen ermöglicht)
- **Easytrans,** www.gpstools.de/top50/index.html (Freeware-Programm zur Datenübertrag für Garmin-, Magellan-, Silva-, Lowrance-Geräte zusammen mit „EasyGPS", s. o.)

Programme zum Erstellen von Vektorkarten für Garmin-Geräte

- **GPSTrackMaker** (s. o.)
- **GPSMapEdit,** www.geopainting.com
- **cGPSmapper,** www.cgpsmapper.com
- **PanaVue,** www.panavue.com (Software zum Zusammensetzen gescannter Kartenausschnitte, kostenlose Demoversion)
- **Panoramafactory,** www.panoramafactory.com (ähnlich PanaVue)

GPS-Software für Macintosh

- **www.gpsy.com**
- **www.macgpspro.com**
- **www.chimoosoft.com/gpsconnect.html**

Tests und Tipps

- **http://gpsinformation.net** (sehr hilfreiche Site mit Tests, Kauftipps, Datensammlungen, Berichten, Karten etc.)
- **http://noegs.de.tf** (informatives GPS-Magazin mit Erfahrungsberichten, Tests, Tipps und sehr guter Linksammlung unter FAQ I)

- **www.pocketnavigation.de** (Infos zur GPS-Navigation mit Pocket-PC)

Grundlagen und allgemeine Infos

www.kowoma.de

Gute Site mit Infos über die Grundlagen des GPS und seine Funktionsweise. Bietet u. a. Daten zu über 200 Kartenbezugssystemen und ein Forum.

GPS4Fun

www.gps4fun.com (kommerzielle Site, aber viele Infos und Links)

GPS World

www.gpsworld.com (Site der GPS-Zeitschrift „GPS World" mit Artikelliste, Veranstaltungen, Produkt-Infos und Links zu weiteren Infoquellen)

University of Texas

www.csr.utexas.edu/texas_pwv/midterm/gabor/gps.html (detaillierte Infos zu GPS-Grundlagen)

Tom's GPS-Seiten

www.gpstom.de/GPS/index.htm (Tom's GPS Pages mit sehr vielen Infos zu Produkten und Software sowie mit Index und Links)

Wilson's Site

www.erols.com/dlwilson/gps.html (Wilson hat die Genauigkeit von gängigen GPS-Geräten ermittelt; die Darstellung ist recht wissenschaftlich und anspruchsvoll)

Suess-Web

www.suess-web.de (sehr gute und fundierte Infos, FAQs und Links zum Thema GPS)

Foren

Wer gar nicht weiter weiß, wendet sich an eines der Foren und wird fast immer eine Lösung finden.

- **www.gps-forum.de**
- **www.naviboard.de**

Tourenportale und Wegpunktsammlungen

- **www.nima.mil** (GEONet Names Server des US-Verteidigungsministeriums; geografische Namen und Koordinaten weltweit, selbst kleinste Orte)
- **www.almenrausch.at** (Berg-, Ski- und Biketouren in Tirol und Bayern)
- **www.alpin-koordinaten.de** (Koordinaten von Gipfeln, Hütten, Biwakplätzen, Einstiegen und Ausgangspunkten für Klettertouren)
- **www.bike-gps.com** (gebührenpflichtige, aber auch gut ausgearbeitete MB- und Radtouren in den Alpen. Tracks können in Fugawi geöffnet werden!)
- **www.das-rad-ruft.de** (umfangreiche Track-Sammlung für Radtouren in ganz Deutschland)
- **www.gpspunkte.de** (Wegpunkte aller Art)
- **www.gps-tracks.com** (umfassende Routensammlung mit dem Schwerpunkt auf Mountainbike- und Alpentouren in der Schweiz und in Österreich)

Geocaching

- **www.geocaching.com**
- **wvvw.geocaching.de**
- **www.navicache.com**

036gp Abb.: rh

Anhang

Glossar

Active Leg Etappe zwischen zwei Wegpunkten einer Route, auf der man gerade unterwegs ist.

Active Waypoint Aktiver Wegpunkt. Einer der beiden Wegpunkte (active from und active to) zwischen denen man gerade unterwegs ist.

Acquiring Das Gerät erfasst die Satellitendaten.

Almanach-Daten Von jedem Satelliten ausgestrahlte Informationen über Satellitenbahnen plus Korrekturfaktoren, die im Empfänger gespeichert werden und es ihm ermöglichen, die Satelliten rascher zu finden.

Anti-Spoofing Manipulationssicherung. Ein Verfahren, bei dem der für die präzise Positionsbestimmung erforderliche P-Code verschlüsselt wird. Der verschlüsselte Y-Code kann nur von Empfängern mit Entschlüsselungssystem (militärische Geräte) genutzt werden.

Aufladbare Karten Digitale Vektorkarten, die direkt auf bestimmte GPS-Geräte geladen werden können.

AutoLocate Das Gerät initialisiert sich selbst, ohne seine ungefähre Position auf der Erdoberfläche zu kennen (dauert ca. 5 Minuten).

Autorouting Das Gerät errechnet mithilfe der gespeicherten elektronischen Straßendaten automatisch eine detaillierte Straßenroute zum Ziel und gibt dem Fahrer vor jeder Abzweigung Fahranweisungen.

Backtrack (= TracBack) Zeichnet den Weg auf, um den Rückweg anzeigen zu können (nicht nur die direkte Richtung zum Ausgangspunkt).

Basemap Basiskarte. In vielen GPS-Geräten fest eingespeicherte einfache Übersichtskarte mit Hauptstraßen und Orten.

Bearing Kompasskurs vom Standort zu einem Ziel. Im Setup auch: auswählbare Nordrichtung (geografisch, magnetisch, Gitter-Nord).

BSB-Karten GPS-kompatible, digitale Karten, die von vielen Navigationsprogrammen (FUGAWI, TTQV, MapTech) gelesen und genutzt, aber nicht in GPS-Empfänger geladen werden können.

C/A-Code (Coarse Aquisition = Grob-Erfassung) Der von zivilen Geräten empfangene Code, der eine weniger genaue Positionsbestimmung ermöglicht als der militärische P-Code.

Control Points (Kontrollpunkte bzw. Passpunkte) Punkte auf der Karte, deren Koordinaten bekannt sind; drei Kontrollpunkte, die nicht auf einer geraden Linie liegen, ermöglichen es, die Karte zu georeferenzieren.

Course Kurs vom zuletzt passierten zum nächsten Wegpunkt (= Soll-Kurs). Mit Bearing nur dann identisch, wenn man nicht vom Soll-Kurs abweicht.

Datenkarten Etwa briefmarkengroße Steckkarten (bis zu 2 GB), auf die Kartenausschnitte von CD oder DVD geladen und durch Einstecken in das GPS-Gerät übertragen werden.

Datum Bei Landkarten das Bezugssystem für die Projektion der dreidimensionalen Erdoberfläche auf die zweidimensionale Karte.

DTED Digital Terrain Elevation Data bieten ein digitales Geländemodell.

DGM Digitales Geländemodell

DGPS Differential Global Positioning System. Korrigiert durch äußere Ursachen hervorgerufene Fehler.

Dilution of Precision (DOP = „Verdünnung der Präzision") Ungenauigkeit der Positionsbestimmung aufgrund geometrischer Gegebenheiten, d. h. der momentanen Anordnung der Satelliten.

DHM Digitales Höhenmodell

DRG Digital Raster Graphic – siehe „Rasterdaten"

ECEF (Earth-Centered Earth-Fixed) Ein Koordinatensystem, bei dem die X-Richtung die Linie durch den Schnittpunkt zwischen dem Nullmeridian (Greenwich) und dem Äquator darstellt, die Y-Richtung die Linie durch den Schnittpunkt von 90./180. Längengrad und Äquator, die Z-Richtung entspricht der Erdachse.

EGNOS europäisches Gegenstück zum ↗WAAS der USA

Elevation Höhe über dem Meeresspiegel (Normal Null, NN)

Ephemeriden Informationen über die Satellitenposition zu einem bestimmten Zeitpunkt, die mit den GPS-Daten übermittelt wird. Sie sind exakter als die Almanach-Informationen, aber nur für max. 6 Stunden aktuell und werden von jedem Satelliten für seine eigene Bahn ausgestrahlt.

GALILEO Europäisches Satelliten-Navigationssystem, das zuverlässiger und präziser als NAVSTAR funktionieren soll und voraussichtlich ab 2012 funktionieren wird.

Geocaching Beliebte digitale „Schnitzeljagd", bei der man mithilfe von GPS ein Versteck (= Cache) sucht.

Georeferenzieren — Prozess, der den Bildpunkten (einer gescannten Karte) spezifische Koordinatenpaare zuweist, sodass an jeder Mausposition die Koordinaten abgelesen werden können.

georeferenziert — Eine Karte, die an der Mausposition zu jedem Bildpunkt die Koordinaten anzeigt.

GLONASS — Russisches Satelliten-Navigationssystem

GMT — Greenwich Mean Time, entspricht der Westeuropäischen Zeit, an der sich die Weltzeit orientiert.

GoTo-Funktion — Zeigt Richtung und Entfernung zu gespeicherten Wegpunkten.

GPS — Global Positioning System. Weltweites satellitengestütztes System zur Standortbestimmung.

GPS-Schnittstelle — Teil der Software, die eine Verbindung zwischen der Karte und dem GPS-Empfänger herstellt, z. B. um die vom Empfänger gemeldete Position auf der Karte darzustellen.

Heading — Tatsächlicher momentaner Kurs. Kann vom Soll-Kurs (= Course) abweichen.

Initialisierung — Einstellung des Geräts auf die Region, in der es arbeiten soll.

Kalibrieren — Jedem Kartenpunkt ein Koordinatenpaar zuordnen.

Kontrollpunkt — siehe „Control Points“

Koordinaten — Gittersystem zur Beschreibung von Positionen in der Ebene (Karte und Gelände).

MapSend — Unterschiedliche Arten digitaler Feinkarten (darun-

ter zunehmend auch topografische Karten!), die auf Datenkarten in bestimmte Magellan-Geräte geladen werden können.

MapSource unterschiedliche Arten digitaler Feinkarten (darunter zunehmend auch topografische Karten!), die auf Datenkarten in bestimmte Garmin-Geräte geladen werden können.

Moving Map Navigation s. Online Navigation

Navigation Bewegung auf Soll-Kurs oder mit bekannter Abweichung vom Soll-Kurs. „Wissen, wie man zum Ziel kommt."

NAVSTAR Das Satelliten-Navigationssystem der USA, das heute meist mit GPS gleichgesetzt wird.

NMEA National Marine Electronics Association (Nationale Vereinigung für Marineelektronik) der USA bzw. deren Standards zur Kommunikation verschiedener elektronischer Geräte, die Kompatibilität gewährleisten.

Offline Navigation Die Nutzung digitaler Karten ohne aktiven GPS-Empfänger zur Routenplanung, -bearbeitung und -übertragung zu Hause am PC.

Online Navigation Die Nutzung digitaler Karten mit aktivem GPS-Empfänger zur Orientierung und Navigation unterwegs mit dem Notebook oder PDA, wobei die aktuelle Position stets auf der Karte dargestellt und die Karte darauf zentriert wird (= Moving Map Navigation).

Orientierung Bestimmung des Standorts in Relation zum Gelände. „Wissen, wo man ist."

Overlay („Schicht darüber“) So etwas wie eine virtuelle Klarsichtfolie, die man über seine Bildschirmkarte legt, um individuelle Einträge vorzunehmen.

Passpunkte (= Kontrollpunkte) Punkte mit bekannten Koordinaten, die dazu dienen, gescannte Karten zu kalibrieren.

P-Code Bei NAVSTAR nur von militärischen Geräten zu empfangender Code, der eine präzisere Positionsbestimmung erlaubt als der C/A-Code.

Points of Interest (POI) Einzelobjekte (beispielsweise Tankstellen, Hotels, Restaurants, Camping etc.), die auf digitalen Karten als Symbole dargestellt werden und mit Informationen (Adresse, Telefon, Preise etc.) verbunden sein können.

Poor CVRG (CVRG = coverage; wörtl. schlechte Abdeckung) Das Gerät erhält nicht genügend Satelliten-Daten, um eine Position zu errechnen.

Position Fix Koordinaten des Standorts, die das GPS-Gerät errechnet, wenn es Signale von genügend Satelliten empfängt.

Rasterdaten Darstellung durch Bildpunkte (Pixel); die Auflösung wird in dpi (dots per inch) angegeben – je höher die Zahl, desto klarer das Bild. Kartenobjekte sind nicht mit Informationen verbunden.

Route Geplanter Wegverlauf (Verknüpfung mehrerer Wegpunkte).

Searching Das Gerät sucht verfügbare Satelliten.

Select Country Initialisierung des Geräts durch Auswahl des Landes, in dem man sich befindet.

Selective Availability (SA)	Beabsichtigte Verfälschung der Satellitensignale für zivile Empfänger. Seit Mai 2000 ausgeschaltet!
Topo	Abk. für topografische Karte
TracBack	siehe „Backtrack“
Track	tatsächlich zurückgelegter Weg
UT	Universal Time (= GMT, Greenwich Mean Time)
UTC	UTC-Zeit (Universal Time Coordinated = koordinierte Weltzeit)
Vektordaten	Grafik aus Linien, Punkten, Flächen und Schrift, die es erlaubt, einzelne Objekte mit Zusatzinfos (z. B. Straßenart, Abzweigung, Höhe, Adressen etc.) zu versehen und das Kartenbild beliebig zu bearbeiten.
WAAS	(Wide Area Augmentation System) US-Korrektursystem zur Erhöhung der GPS-Genauigkeit
Waypoint	Wegpunkt
Wegpunkt	Punkt mit bekannten Koordinaten, der im GPS-Gerät gespeichert wird (siehe „GoTo-Funktion“).
WGS84	World Geodetic System 1984. Weltweites geodätische System von 1984; das Ellipsoid, welches vom GPS-System verwendet wird.
2D Nav	Positionsbestimmung in der Ebene mithilfe von nur drei Satelliten, die dabei erhebliche Fehler aufweisen kann!
3D Nav	Positionsbestimmung mit Höhenangabe. Erfordert mindestens vier Satelliten und ist Voraussetzung für präzise Navigation.

GPS-Abkürzungen und -Terminologie

Abk.	Englisch	Deutsch
ALT	Altitude	Höhe (über dem Meer)
BAT	Battery	Batterie (Ladezustand)
BRG	Bearing	Peilung (Richtungswinkel von der momentanen Position zum Zielpunkt)
CLR	Clear	Löschen
CDI	Course Deviation Indicator	Kursabweichungsanzeiger (= XTE)
CMG	Course Made Good	in Richtung auf das Ziel zurückgelegte Kursstrecke
CRS	Course	Kurs (Kurswinkel vom zuletzt passierten zum nächsten Wegpunkt = Soll-Kurs)
CTS	Course to Steer	günstigste Richtung zurück auf den Kurs zwischen den beiden aktiven Wegpunkten
DEG	Degree	Grad
DIS	Distance	Entfernung (zwischen Standort und einem ausgewählten Wegpunkt)
DST	Distance	siehe „DIS“
DTK	Desired Track	Soll-Kurs (siehe „CRS“)

ECEF	Earth Centered Earth Fixed	dreidimensionales Koordinatensystem, in dem das GPS-Gerät Punkte speichert
EPE	Estimated Position Error	geschätzte Abweichung der Angabe von der tatsächlichen Position (ohne SA!)
ETA	Estimated Time of Arrival	geschätzte Ankunftszeit (aus Entfernung und Durchschnittsgeschwindigkeit errechnet)
ETE	Estimated Time Enroute	verbleibende Zeit bis zum Ziel (aus Entfernung und momentaner Geschwindigkeit errechnet)
FIX	Position Fix Quality	entspricht FOM
FOM	Fix Offset Measure	Gütezahl. Geschätzte Genauigkeit der errechneten Position. SA bleibt unberücksichtigt!
GoTo	Go to	„Gehe zu". Der Befehl, vom Standort aus ein bestimmtes Ziel anzusteuern.
GQ	Geometric Quality	geometrische Qualität (siehe „EPE")
GRID	Grid	Gitternetz (Koordinatensystem zur Angabe der Position, z. B. UTM)
GS	Ground Speed	Geschwindigkeit über Grund. Geschwindigkeit in der Ebene, wie sie ein Tacho anzeigt.
KPH	Kilometers per Hour	Stundenkilometer
KTS	Knots	Knoten

HDG	Heading	aktueller Kurs der Bewegungsrichtung
LAT	Latitude	geografische Breite (mit N oder S bezeichnete Position relativ zum Äquator)
LON	Longitude	geografische Länge (mit O bzw. E oder W bezeichnete Position relativ zum Null-Meridian)
MOB	Man Over Board	Funktion für Notsituationen an Bord eines Schiffes, um gleichzeitig den Standort zu speichern und den Kurs dorthin zurück anzeigen zu lassen.
NM	Nautical Mile	Seemeile
PAN	pan = schwenken	Kontrollfeld zum Verschieben der Kartenseite
POS	Position	Position (durch zwei Koordinaten exakt angegebener Punkt im Koordinatensystem)
SA	Selective Availability	willkürliche Signalverfälschung (seit 02. 05. 2000 abgestellt)
SPD	Speed	Geschwindigkeit (= GS)
TRK	Track	a) Kurs über Grund (momentaner Kurswinkel), entspricht HDG. b) zurückgelegter Weg. Gegensatz zu „Route“ (geplanter Weg).
TT	True Track	rechtweisender Kurs (in Relation zu Geografisch-Nord)
TTG	Time to Go	entspricht „ETE“

UT	Universal Time	Bezugszeit des GPS (entspricht GMT)
UTM	Universal Transversal Mercator-Projektion	rechtwinkliges Koordinatensystem mit 6 Grad breiten Meridianstreifen, die in Kilometer und Meter unterteilt sind; weltweit verbreitet und Standard für GPS-Navigation
VMG	Velocity Made Good	gutgemachte Geschwindigkeit (Geschwindigkeit, mit der man sich dem nächsten Zielpunkt nähert)
WPT	Waypoint	Wegpunkt (im Empfänger gespeicherte Position für die Navigation)
XTE	Cross Track Error	Kursabweichung. Die Distanz, um die man im rechten Winkel vom Soll-Kurs abgewichen ist. (= CDI)

Bildnachweis

Die Kürzel an den Abbildungen stehen für folgende Personen, Firmen und Einrichtungen.

al	*Alan Electronics GmbH (www.alan-germany.de)*
da	*Deutscher Alpenverein (www.alpenverein.de)*
gfz	*GeoForschungsZentrum Potsdam (www.gfz-potsdam.de/news)*
gm	*GPS GmbH (www.garmin.de)*
kw	*Klaus Werner*
lo	*Lowrance (www.lowrance.com)*
ma	*Magellan (www.magellangps.com)*
rh	*Rainer Höh (der Autor)*
si	*Silva Deutschland GmbH (www.silva-outdoor.de)*

Wir bedanken uns für die freundliche Genehmigung zum Abdruck der Fotos.

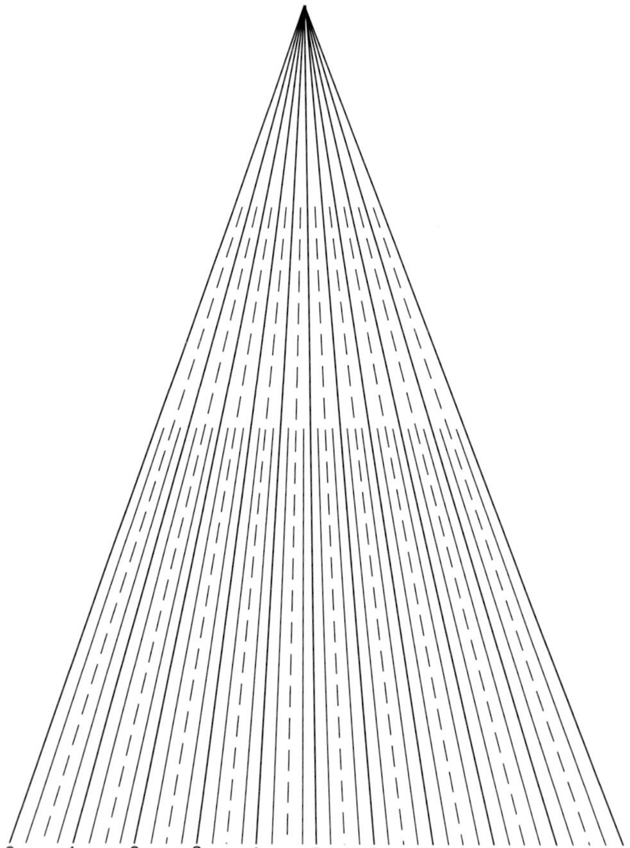
0
1
2
3
4
5
6
7
8
9
10

Praxis, KulturSchock

Europa

Pferdetrekking
Radreisen
Reisefotografie
Reisefotografie digital
Reisekochbuch
Reiserecht
Respektvoll reisen
Schutz vor Gewalt und Kriminalität
Schwanger reisen
Selbstdiagnose unterwegs
Sicherheit Meer
Sonne, Wind, Reisewetter
Spaniens Fiestas
Sprachen lernen
Survival-Handbuch Naturkatastrophen
Tauchen Kaltwasser
Tauchen Warmwasser
Trekking-Handbuch
Unterkunft/Mietwagen
Vulkane besteigen
Wandern im Watt
Wann wohin reisen?
Wein-Reiseführer Deutschland
Wein-Reiseführer Italien
Wein-Reiseführer Toskana
Wildnis-Ausrüstung
Wildnis-Backpacking
Wildnis-Küche
Winterwandern
Wohnmobil-Ausrüstung
Wohnmobil-Reisen
Wohnwagen Handbuch
Wracktauchen
Zahnersatz, Reiseziel

KulturSchock

Familienmanagement im Ausland
Finnland
Frankreich
Irland
Leben in fremden Kulturen
Polen
Rumänien
Russland
Spanien
Türkei
Ukraine
Ungarn

Sichere Orientierung im Freien

Ob beim Spaziergang im nahen Wald oder auf Outdoor-Tour – ohne Orientierung hört der Freizeitspaß auf. In der Praxis-Reihe sind deshalb einige Titel zum Thema Orientierung mit Karte, Kompass und GPS erschienen, die sowohl Basiswissen für Anfänger als auch erprobte Tipps für Fortgeschrittene bereithalten:

Wolfram Schwieder
Richtig Kartenlesen

Rainer Höh
Orientierung mit Kompass und GPS

- Jeweils 160 Seiten
- Viele Fotos und Abbildungen
- Textbegleitendes Glossar
- Aktuelle Bezugsadressen
- Robuste Fadenheftung,
- Taschenformat 10,5 x 17 cm,
- Register und Griffmarken

REISE KNOW-HOW Verlag, Bielefeld

Wildnis-Backpacking

Der Ratgeber für erlebnisreiche Wildnis-Touren

Planung und Vorbereitung

Wahl der Region und der Route, Informationsbeschaffung, Partnerwahl, Körperliche Vorbereitung

Ausrüstung und Proviant

Allgemeine Anforderungen, Rucksack, Schlafsack, Bodenisolierung, Zelt, Kocher, Kleidung, Schuhwerk, Sonstiges Zubehör, Proviant

Orientierung

Orientierung mit und ohne Kompass, Kompassarbeit, Höhenmesser

Unterwegs

Zeitplanung, Gehtechnik, Hindernisse überwinden, Camp organisieren, Feuer bei jeder Witterung

Gefahren und Notfälle unterwegs

Unterkühlung, Erfrierungen, Bärengebiete, Verirrt, Verhalten in Notsituationen

Top-Trails weltweit

Alaska/Yukon, Arizona, Kalifornien, Montana, Neuseeland, Nepal, Kanada, Schweden, Schottland, Afrika

Rainer Höh: Wildnis-Backpacking,

160 Seiten, komplett in Farbe, ca. 45 Fotos und Abbildungen, textbegleitendes Glossar, Register, Fadenheftung

Reise Know-How Verlag, Bielefeld

Register

G

H, I

K

L

M

N

O

P

R

032gp Abb.: rh

Der Autor

Rainer Höh, geboren 1955 auf der Schwäbischen Alb, ist unter Outdoor-Freunden kein Unbekannter. Nicht wegen spektakulärer Unternehmungen. Ihm ging es immer mehr um das Draußensein und das Naturerlebnis. Dass er dabei immer wieder einmal auch mit extremeren Verhältnissen fertig werden musste, lag in der Natur der Sache, war aber nie Selbstzweck. Schon während der Schulzeit zog es ihn zu ausgedehnten Wanderungen nach Lappland. Danach folgten Schneeschuh-Touren in Nord-Skandinavien, dann Winterunternehmungen, Wanderungen, Kanutouren und Floßreisen in Kanada und Alaska sowie Hundeschlitten-Touren.

An einem Nebenfluss des Yukon baute er eine Blockhütte, in der er als Einsiedler hauste. Danach begann er, die Erfahrungen seiner Wildnisreisen in Buchform zusammenzufassen. Zunächst erschienen Sachbücher, dann Reiseberichte, Reiseführer, Bildbände u. a. Er gründete ein Reiseunternehmen und führte einige Jahre lang Gruppen in Kanada und Alaska. Seit 1996 befasst er sich mit GPS und hat zu diesem Thema zahlreiche Artikel in Fach- und Reisezeitschriften publiziert.

Heute lebt er in den Bergen nahe Grenoble und arbeitet als Reisejournalist, Fotograf und Übersetzer. Zuletzt hat er zusammen mit seinem Bruder Peter und dem Reise Know-How Verlag die Buchreihe Wohnmobil-Tourguide entwickelt und dafür die Titel „Provence" und „Kroatien" verfasst, in denen selbstverständlich alle wichtigen Camp- und Stellplätze mit GPS-Koordinaten aufgelistet sind.